VERFAHREN ZUR FERTIGUNG VON MISCHLOSEN
AUF DER BASIS EINES SYSTEMS ZUR VERFOLGUNG
VON EINZELSCHEIBEN

VON DER FAKULTÄT FÜR FERTIGUNGSTECHNIK
DER UNIVERSITÄT STUTTGART ZUR ERLANGUNG
DER WÜRDE EINES DOKTOR-INGENIEURS
(DR.-ING.) GENEHMIGTE ABHANDLUNG

VORGELEGT VON

DIPL.-ING. OLAF HERZOG
AUS AUSTIN

HAUPTBERICHTER: PROF. DR.-ING. DR.H.C. E. WESTKÄMPER
MITBERICHTER: PROF. DR. RER. NAT. B. HÖFFLINGER

TAG DER EINREICHUNG: 10. SEPTEMBER 1996
TAG DER MÜNDLICHEN PRÜFUNG: 25. JUNI 1997

Olaf Herzog

Fertigung von Mischlosen in der Mikroelektronik auf der Basis eines Verfahrens zur Verfolgung von Einzelscheiben

Mit 59 Abbildungen

 Springer

Dr.-Ing. Olaf Herzog
Fraunhofer-Institut für Produktionstechnik und Automatisierung (IPA), Stuttgart

Prof. Dr.-Ing. Dr. h. c. E. Westkämper
o. Professor an der Universität Stuttgart
Fraunhofer-Institut für Produktionstechnik und Automatisierung (IPA), Stuttgart

Prof. Dr.-Ing. habil. Prof. E. h. Dr. h. c. H.-J. Bullinger
o. Professor an der Universität Stuttgart
Fraunhofer-Institut für Arbeitswirtschaft und Organisation (IAO), Stuttgart

D 93

ISBN-13: 978-3-540-63563-5   e-ISBN-13: 978-3-642-47908-3
DOI: 10.1007/ 978-3-642-47908-3

Gesamtherstellung: Copydruck GmbH, Heimsheim
SPIN 10646670   62/3020–543210

Geleitwort der Herausgeber

Über den Erfolg und das Bestehen von Unternehmen in einer marktwirtschaftlichen Ordnung entscheidet letztendlich der Absatzmarkt. Das bedeutet, möglichst frühzeitig absatzmarktorientierte Anforderungen sowie deren Veränderungen zu erkennen und darauf zu reagieren.

Neue Technologien und Werkstoffe ermöglichen neue Produkte und eröffnen neue Märkte. Die neuen Produktions- und Informationstechnologien verwandeln signifikant und nachhaltig unsere industrielle Arbeitswelt. Politische und gesellschaftliche Veränderungen signalisieren und begleiten dabei einen Wertewandel, der auch in unseren Industriebetrieben deutlichen Niederschlag findet.

Die Aufgaben des Produktionsmanagements sind vielfältiger und anspruchsvoller geworden. Die Integration des europäischen Marktes, die Globalisierung vieler Industrien, die zunehmende Innovationsgeschwindigkeit, die Entwicklung zur Freizeitgesellschaft und die übergreifenden ökologischen und sozialen Probleme, zu deren Lösung die Wirtschaft ihren Beitrag leisten muß, erfordern von den Führungskräften erweiterte Perspektiven und Antworten, die über den Fokus traditionellen Produktionsmanagements deutlich hinausgehen.

Neue Formen der Arbeitsorganisation im indirekten und direkten Bereich sind heute schon feste Bestandteile innovativer Unternehmen. Die Entkopplung der Arbeitszeit von der Betriebszeit, integrierte Planungsansätze sowie der Aufbau dezentraler Strukturen sind nur einige der Konzepte, welche die aktuellen Entwicklungsrichtungen kennzeichnen. Erfreulich ist der Trend, immer mehr den Menschen in den Mittelpunkt der Arbeitsgestaltung zu stellen - die traditionell eher technokratisch akzentuierten Ansätze weichen einer stärkeren Human- und Organisationsorientierung. Qualifizierungsprogramme, Training und andere Formen der Mitarbeiterentwicklung gewinnen als Differenzierungsmerkmal und als Zukunftsinvestition in *Human Resources* an strategischer Bedeutung.

Von wissenschaftlicher Seite muß dieses Bemühen durch die Entwicklung von Methoden und Vorgehensweisen zur systematischen Analyse und Verbesserung des Systems Produktionsbetrieb einschließlich der erforderlichen Dienstleistungsfunktionen unterstützt werden. Die Ingenieure sind hier gefordert, in enger Zusammenarbeit mit anderen Disziplinen, z. B. der Informatik, der Wirtschaftswissenschaften und der Arbeitswissenschaft, Lösungen zu erarbeiten, die den veränderten Randbedingungen Rechnung tragen.

Die von den Herausgebern langjährig geleiteten Institute, das

- Institut für Industrielle Fertigung und Fabrikbetrieb der Universität Stuttgart (IFF),

- Institut für Arbeitswissenschaft und Technologiemanagement (IAT),

- Fraunhofer-Institut für Produktionstechnik und Automatisierung (IPA),

- Fraunhofer-Institut für Arbeitswirtschaft und Organisation (IAO) arbeiten in grundlegender und angewandter Forschung intensiv an den oben aufgezeigten Entwicklungen mit. Die Ausstattung der Labors und die Qualifikation der Mitarbeiter haben bereits in der Vergangenheit zu Forschungsergebnissen geführt, die für die Praxis von großem Wert waren. Zur Umsetzung gewonnener Erkenntnisse wird die Schriftenreihe „IPA-IAO - Forschung und Praxis" herausgegeben. Der vorliegende Band setzt diese Reihe fort. Eine Übersicht über bisher erschienene Titel wird am Schluß dieses Buches gegeben.

Dem Verfasser sei für die geleistete Arbeit gedankt, dem Springer-Verlag für die Aufnahme dieser Schriftenreihe in seine Angebotspalette und der Druckerei für saubere und zügige Ausführung. Möge das Buch von der Fachwelt gut aufgenommen werden.

E. Westkämper   H.-J. Bullinger

Vorwort

Die vorliegende Arbeit entstand während meiner Tätigkeit als wissenschaftlicher Mitarbeiter am Fraunhofer Institut Produktionstechnik und Automatisierung (IPA), Stuttgart. Zum Dank für den Rückhalt während des Entstehens der Arbeit widme ich das Buch meiner Frau und meinen Kindern.

Herrn Prof. Dr.-Ing. Dr. h. c. E. Westkaemper und Herrn Prof. Dr.-Ing. Dr. h. c. mult. H.-J. Warnecke danke ich für die wohlwollende Unterstützung und Förderung meiner Arbeit.

Mein Dank gilt auch in gleicher Weise Prof. Dr. rer. nat. B. Höfflinger für die Durchsicht der Arbeit und die Übernahme des Mitberichts.

Ich danke allen Kolleginnen und Kollegen für die Unterstützung und konstruktive Kritik während der Entstehung meiner Arbeit. Mein Dank gilt dabei insbesondere Herrn Dr.-Ing. Bernhard Klumpp, Herrn Dr.-Ing. M. Schweizer und Herrn Prof. Dr.-Ing. Dr. h. c. R. D. Schraft.
Einen besonderen Dank möchte ich Herrn Dipl.-Ing. W. Schäfer und Herrn Dipl.-Ing. J. Schließer vom IPA sowie Herrn Dipl.-Ing. P. Staudt-Fischbach von der TEMIC Semiconductor Itzehoe GmbH für die ausdauernde Diskussionsbereitschaft während der Entstehung dieses Werkes aussprechen.

Austin, Juli 1997   Olaf Herzog

Inhaltsverzeichnis

Abkürzungen

ASIC	Application Specific Integrated Circuit
BiCMOS	Bipolar Complementary Metal Oxide Semiconductor
CAM	Computer Aided Manufacturing
CCD	Charge Coupled Device
CIM	Computer Integrated Manufacturing
CMOS	Complementary Metal Oxide Semiconductor
DRAM	Dynamic Random Access Memory
EDV	Elektronische Datenverarbeitung
GEM	Generic Equipment Model
IC	Integrated Circuit, Integrierte Schaltkreise
ISO	International Standardization Organization
LG	Losgröße
MMS	Manufacturing Message Specification
MMS-I	Manufacturing Message Specification Interface
OCR	Optical Character Recognition
OSI	Open Systems Interconnection
PC	Personal Computer
SECS	Semiconductor Equipment Communication Standard
SEMATECH	US-basierte IC-Herstellervereinigung
SEMI	Semiconductor Equipment and Materials Institute
SMIF	Standard Mechanical Interface
SPS	Speicherprogrammierbare Steuerung
SQL	Standardized Query Language
SRAM	Static Random Access Memory
VFEI	Virtual Factory Equipment Interface

1 Einleitung

1.1 Problemstellung

Die Mikroelektronik besitzt als Schlüsseltechnologie bedeutenden Einfluß auf den Erfolg anderer Branchen - Automobilindustrie, Maschinen - und Anlagenbau, Elektrotechnik, Feinmechanik, Mikromechanik, Mikrosystemtechnik und Büro- und Datentechnik /ZVE93/. Die in Deutschland betriebenen Fertigungen stellen überwiegend anwendungsspezifische Schaltkreise her (u.a. für Antiblockiersysteme, Mobilfunkanwendungen). Die Fertigung anwendungsspezifischer Schaltkreise zeichnet sich durch eine hohe Technologie-, Produkt- und Variantenvielfalt aus. Derzeit produzieren 7 deutsche Halbleiterhersteller anwendungsspezifische Schaltkreise an insgesamt 9 Fertigungsstätten im Inland. Eine Massenfertigung wird derzeit zu einer flexiblen Fertigung umstrukturiert, ein Standort für die Massenproduktion wird eingefahren (März 96). Darüber hinaus bieten drei deutsche Forschungseinrichtungen die Herstellung von kundenspezifischen Schaltkreisen an. Der überwiegende Anteil der Massenprodukte wird aus Fernost importiert.

Das folgende Bild zeigt die Merkmale deutscher Halbleiterfertigungen bezüglich Technologie- und Produktvielfalt sowie der Losgröße.

Fertigungstyp	Merkmale	Los-größe	geforderte Flexibilität	deutsche Hersteller/ Standorte
Massen-fertigung	1 Technologie, geringe Produktvielfalt	vielfa-ches von 25	gering	Siemens Dresden, (SMST)
flexible kundenspezifi-sche Fertigung	1 Technologie, hohe Produktvielfalt	vielfa-ches von 25	hoch	Elmos, Thesys, ZMD
flexible anwendungs-spezifische Fertigung	mehrere Technologien, hohe Produktvielfalt	vielfa-ches von 25	sehr hoch	TEMIC, Bosch, Siemens München/ Regensburg, (SMST)

Bild 1   Merkmale von Fertigungsstätten für mikroelektronische Produkte in Deutschland

Bei der kunden- und anwendungsspezifischen Halbleiterfertigung werden derzeit steigende Forderungen an die Flexibilität der Losgrößen, die Verkürzung der Durchlaufzeit und die Kontrollierbarkeit variantenreicher Prozeßfolgen gestellt /Heu92/, da nur auf diese Weise eine weitere Verkürzung von Produktentwicklungszeiten und eine schnellere Reaktion auf Marktforderungen möglich ist. Kritisch für die flexible und zugleich wirtschaftliche Fertigung ist die derzeit etablierte starre Losgröße als Vielfaches von 25, da für die angestrebte Flexibilisierung Losgrößen ab 1 Scheibe möglich sein sollten.

In der Mikroelektronik wird die Losgröße an die standardisierten Transportkassetten mit einer Kapazität von 25 Scheiben fixiert, 1 bis mehrere Kassetten bilden ein Los. Die heutigen Generationen der Fertigungsgeräte werden nahezu ausschließlich mit den standardisierten Kassetten beschickt und sind daher auf feste Losgrößen hin optimiert. Die Beladung mit teilbefüllten Kassetten bewirkt Durchsatzverluste oder verändert das Prozeßergebnis. Die in der Entwicklung befindlichen Geräte für die zukünftige Technologiestufe in der Mikroelektronik auf der Basis einer Scheibengröße von 300 mm werden laut aktueller Planungen ebenfalls für eine festgelegte Kassettenkapazität von 13 oder 25 Scheiben ausgelegt. Da die Massenprodukte jeweils Vorreiter einer neuen Technologiegeneration und damit Gerätegeneration sind, wird die Auslegung von Kassetten und Fertigungsgeräten von den Bedürfnissen der Massenfertiger auch bezüglich der optimalen Losgröße geprägt. Flexible Halbleiterfertigungen fertigen entweder mit gerätebedingt fixen Losgrößen, wobei die zwangsläufig produzierten Übermengen im Fertigteillager Kosten verursachen bzw. teilweise nicht mehr verkauft werden können, oder mit variablen Losgrößen und dem damit verursachten verringerten Gerätedurchsatz.

Die Wirkung des verringerten Gerätedurchsatzes und damit der geringeren Geräteauslastung ist eine signifikante Steigerung der Herstellkosten, da der Fixkostenanteil für die kalkulatorische Abschreibung von Geräten, Reinraumtechnik und Infrastruktur bei über 50% der Herstellkosten liegt (Basis: heutige Kosten für Reinraum, Infrastruktur, Gerätetechnik). In Zeiten von Überkapazitäten sind insbesondere die deutschen flexiblen Fertigungen mit hohen standortbedingten Fixkosten im Wettbewerb benachteiligt. Zur Stärkung der Mikroelektronik in Deutschland fehlt daher ein Konzept zur wirtschaftlichen Fertigung flexibler Losgrößen ab 1 Scheibe mit geringer Durchlaufzeit und hoher Produkt- und Variantenvielfalt.

1.2 Zielsetzung

Ziel dieser Arbeit ist es, ein Verfahren für die Mikroelektronik zur flexiblen Bildung und Trennung von temporären Losen mit unterschiedlichen Produkten und Varianten (Mischlose) zu konzipieren und ein informationstechnisches Konzept zur Verwirklichung dieses Verfahrens zu entwickeln. Das Verfahren soll geeignet sein, die Auslastung der Fertigungsgeräte bei variablen Losgrößen zu maximieren und damit die Wirtschaftlichkeit der Fertigung erhöhen. Außerdem soll untersucht werden, inwiefern ein System zur Einzelscheibenverfolgung auf Fertigungsgeräteebene geeignet ist, die notwendigen Funktionen zur Implementierung des Verfahrens in bestehenden Fertigungen bereitzustellen.

Als Basis der Arbeiten wird, aufbauend auf einer Darstellung des Stands der Technik, eine Analyse der Einflüsse auf die Geräteauslastung durchgeführt. Ausgehend von einer Bewertung der Eingriffsmöglichkeiten werden die Entwicklungsschwerpunkte für das Verfahren sowie das informationstechnische Konzept erarbeitet. Auf der Basis der Konzeption eines Verfahrens zur flexiblen Bildung und Trennung temporärer Lose wird anschließend ein System bestehend aus informationstechnischen und gerätetechnischen Komponenten entwickelt, das die flexible Losbildung und Einzelscheibenverfolgung auf operativer Ebene über alle Fertigungsgerätetypen hinweg ermöglicht. Anhand einer beispielhaften Realisierung werden das Verfahren und das System zur Einzelscheibenverfolgung erprobt und bewertet.

2 Stand der Technik

2.1 Begriffe und Definitionen

Die Chipfertigung wird in die Bereiche **Scheibenfertigung** (engl.: Frontend) und **Montage** (engl.: Backend) unterschieden. Als Material in der Scheibenfertigung werden **Scheiben** (engl.: Wafer) verwendet, auf denen sich je nach Chipfläche bis zu mehreren hundert Chips befinden können. Die Schnittstelle zur Montage wird durch den Arbeitsgang des Sägens gebildet; die Chips werden beim Sägen vereinzelt und in der Montage verdrahtet und in Gehäuse eingegossen. Eine Fertigungslinie zur Scheibenfertigung kann jeweils nur 1 Scheibengröße verarbeiten.

Die Scheiben werden als **Lose** oder **Horden** (engl.: Batch) in offenen **Kassetten** mit einer Kapazität von bis zu 25 Stück transportiert. Die Fertigungsgeräte werden überwiegend mit Kassetten be-/entladen. Bei Transporten zwischen Fertigungsbereichen und Lagerung der Produkte werden die Kassetten zur Vermeidung von Kontamination in geschlossenen **Boxen** mit manuell bedienbarem Schließmechanismus gehalten. Die Boxen haben eine Kapazität von einer oder zwei Kassetten. In einer deutschen Fertigungslinie werden automatisierungsgerechte **SMIF Boxen** (Standard Mechanical Interface) gemäß dem SEMI (Semiconductor Equipment and Materials Institute) Standard E19 eingesetzt /SEMI95/, die eine Kapazität von einer Kassette aufweisen. Mit diesen Boxen können speziell umgerüstete Geräte direkt beschickt werden; die Produkte werden ohne Kontakt mit der Außenatmosphäre in das Fertigungsgerät eingebracht. Einige Fertigungsgeräte erfordern prozeßbedingt die **Umhordung** der Scheiben in spezielle **Prozeßkassetten** (z.B. hochtemperaturstabile Quarzkassetten im Ofen, medienresistente Teflonkassetten in der Naßchemie). Entsprechend werden Lose in Prozeßkassetten als **Prozeßlose** bezeichnet werden. Lose, die sich explizit zu Transportzwecken in Transportkassetten oder Boxen befinden, werden als **Transportlose** bezeichnet.

Eine **Technologie** bezeichnet eine Familie von Gesamtprozessen bzw. eine **Produktfamilie**. Der **Gesamtprozeß** besteht aus **Prozeßschritten** (Arbeitsgängen), wobei jeweils mehrere technologisch gekoppelte Einzelprozesse in einem **Fertigungsbereich** (z.B. Lithographie, Ofenbereich) ausgeführt werden und deshalb auch als Summenprozeß (andere geläufige Begriffe: Procedure, Operation) bezeichnet werden. Einzelprozesse können aus **Teilschritten** zusammengesetzt sein. Der Gesamtprozeß legt die grundlegenden elektrischen Eigenschaften der Bauteile und damit das **Produkt** fest. Eine spezielle **Variante** wird durch den Gesamtprozeß und den verwendeten **Maskensatz** festgelegt. Die Masken übertragen beim Belichtungsprozeß Strukturen und damit die konkrete elektrische Schaltung auf die Scheiben. Das Produkt ist im weitesten Sinn schichtartig aus mehreren **Belichtungsebenen** aufgebaut. Der Gesamtprozeß setzt sich daher aus **Belichtungsebenen** zusammen. Eine Belichtungsebene wird auch als **Prozeßmodul** bezeichnet. Innerhalb einer Kassette befinden sich i.d.R. Scheiben einer Produktvariante. Bei der Herstellung von ASIC's werden auch häufig Scheiben mehrerer Varianten, die sich lediglich durch den Maskensatz unterscheiden, gemeinsam in einer Kassette verarbeitet. Als **Mischlos** sollen Lose bezeichnet werden, bei denen sich sowohl unterschiedliche Produkte als auch Varianten in den zugehörigen Kassetten befinden können.

In flexiblen Fertigungen für kundenspezifische Schaltkreise (engl.: Application Specific Integrated Circuits, **ASIC's**), wird auch häufig zwischen **Basisscheibenfertigung** (engl.: Basewaferproduction) und der **Metallisierung** (Kontaktschichten und Metallebenen) unterschieden. In der Metallisierung wird sozusagen die "Verdrahtung" der bis dato erstellten Bauelemente auf der Scheibe vorgenommen.

Innerhalb eines Fertigungsbereiches werden Einzelgeräte, starr verkettete Gerätegruppen und Fertigungszellen betrieben. Einige Modelle verketteter Gerätegruppen orientieren sich ganz oder teilweise an einem Standard, der die mechanischen und informationstechnischen Schnittstellen beschreibt; diese Geräte werden gemäß Standard als **Cluster** bezeichnet /SEMI95B/. Fertigungszellen in der Halbleiterfertigung entsprechen flexiblen Fertigungssystemen in der Teilefertigung. Geräte, die aus technologischen Gründen intern eine Vakuumatmosphäre unterhalten müssen, werden auch als **Vakuumgeräte** bezeichnet. Vakuumgeräte kommen häufig in der Bauform des Clusters vor.

Die **Losgröße** in der Scheibenfertigung beträgt in der Massenfertigung ein Vielfaches von 25 Scheiben. Im gängigen Sprachgebrauch wird auch dann von einer Losgröße als Vielfaches von 25 gesprochen, wenn jeweils nur 24 zu fertigende Scheiben in die Kassetten gefüllt werden, so daß 1 freier Platz in den Kassetten für eine **Monitorscheibe** zur Durchführung spezieller Inspektionen nach dem Prozeß verbleibt. Bei der Produktion von ASIC's beträgt die Losgröße häufig nur wenige Scheiben.

Die **Auftragszeit** für einen Prozeßschritt wird in **Rüstzeit** (mengenunabhängig) und **Bearbeitungszeit** (mengenabhängig) unterschieden. Die Bearbeitungszeit selbst wird in **Hauptzeit** (Bearbeitungsprozess), **Nebenzeit** (Be-/Entladen, Handhabung) und **Verteilzeit** (Erholzeiten, zusätzliche Verrichtungen) unterteilt. Einige Geräte, z.B. Öfen, arbeiten mit **Chargenprozessen** (engl.: Batchprocess), d.h. die Bearbeitungszeit ist unabhängig von der befüllten Menge an Scheiben. **Chargen** (engl.: Load, Batch) können im Fall von Öfen bis mehrere hundert Scheiben umfassen. Die Ausführung eines Prozeßschrittes in einem Gerät wird als **Fahrt** (engl.: Run) bezeichnet.

2.2   Flexible Halbleiterfertigung

Anwendungsspezifische Schaltkreise deutscher Hersteller basieren auf mehreren Grundprozessen bzw. Technologien, u.a. CMOS-Prozeß (Complementary Metal Oxide Semiconductor) und BiCMOS (Bipolar Complementary Metal Oxide Semiconductor). Ein Gesamtprozeß ist eine konkrete Variante einer Technologie und legt eine Produktfamilie sowie deren wesentliche elektrische Eigenschaften fest. In Verbindung mit einem Maskensatz für die Lithographie legt der Gesamtprozeß ein konkretes Produkt fest. Kundenspezifische Schaltkreise basieren i.d.R. auf der CMOS Technologie.

Die derzeit produzierten Strukturbreiten in deutschen Fertigungen betragen etwa 0,35 bis 2 µm und basieren auf verschiedenen Technologien, wobei Schaltkreise in CMOS Technologie einen wesentlichen Anteil bilden. Weltweit werden etwa 80% aller Schaltungen in CMOS Technologie hergestellt. Je nach Scheibengröße von 150 mm oder 200 mm und nach Komplexität der Bauelemente unterteilen sich die Gesamtprozesse dabei in ca. 150 bis 500 Prozeßschritte verteilt auf ca. 10 bis 20 Prozeßmodule. /SZE88, SCUM91/

Die grundlegenden Prozeßschritte eines Prozeßmoduls dienen der Schichtabscheidung (Oxidation, Niederdruckabscheidung, Aufdampfen, Sputtern), der Strukturübertragung (Lithographie) und der Schichtabtragung (Naßätzen, Trockenätzen). Zusätzlich bewirken einige Prozeßschritte die Einstellung elektrischer Eigenschaften durch Dotierung (Diffusion, Implantation). Die Prozeßschritte (Abscheidung, Strukturübertragung, Schichtabtragung) wiederholen sich unter Verwendung jeweils anderer Prozeßmedien (Gase, Flüssigkeiten, Feststoffe) prinzipiell in jedem Prozeßmodul. Daher durchläuft das Produkt die Fertigungsbereiche zyklisch mehrfach. Bild 2 zeigt die Struktur eines Gesamtprozesses in Prozeßmodulen, Prozeßschritten und Teilschritten am Beispiel eines CMOS Gesamtprozesses für 150 mm Scheiben. /RUG84, STE85, ADE87/

Gesamtprozeß CMOS

Prozeßmodul
n-Wanne
p-Wanne
Isolation
Gateoxid (1)
Lightly Doped Drain (2)
n+
p+
Zwischenoxid
Kontaktschicht 1
Metallisierung 1
Kontaktschicht 2
Metallisierung 2
Kontaktschicht 3
Metallisierung 3
Passivierung
Parametermessung
Vereinzeln

Prozeßmodul p-Wanne

Prozeß-schritt	Bereich	Gerät
Trockenoxidation NiOX	Ofenbereich	Ofen
Niederdruckabscheidung Nitrid		Ofen
Belacken	Lithographie	Belacker
Belichten		Belichter
Entwickeln		Entwickler
optische Kontrolle		Mikroskop
reaktives Ionenätzen	Trockenätzen	Plasmaätzer
Implantation	Implantation	Implanter
naßchemisch Ätzen	Naßchemie	Naßbank
naßchemische Reinigung		Naßbank
Tempern in Stickstoffatmosphäre	Ofenbereich	Ofen

Prozeßschritt Belacken

Teilschritt	Gerätemodul
Beschichten mit Haftvermittler	Belackereinheit 1
Haftvermittler aushärten	Heizplatte
Abkühlen	Kühlplatte
Belacken	Belackereinheit 2
Lack aushärten	Heizplatte
Abkühlen	Kühlplatte

(1)	Isolation zwischen Steuerelektrode und Kanal
(2)	Schicht zur Feldstärkereduzierung am Gateoxid

Bild 2   *Struktur eines CMOS Gesamtprozesses mit 3 Metallagen*

Nacharbeit wird im Gesamtprozeß grundsätzlich als Schleifenstruktur repräsentiert und erfolgt auf den Produktionsgeräten. Die nachzuarbeitenden Scheiben werden ausgesondert, durchlaufen eine Reihe von zusätzlichen Bearbeitungsschritten, die im wesentlichen dazu dienen, die Auswirkungen des fehlgeschlagenen Prozeßschrittes rückgängig zu machen, und setzen dann einen bis mehrere Schritte zurück im Gesamtprozeß ihre Bearbeitung fort.

Die Produktvielfalt ist bei der Produktion anwendungspezifischer Schaltkreise hoch. Es existieren mehrere hundert bis mehrere tausend verschiedener Produkte, zu denen jeweils ein Maskensatz für die Strukturübertragungen der Belichtungsebenen existiert. Bis zum Prozeßmodul Zwischenoxid können Produkte des gleichen Gesamtprozesses zusammengefaßt und auf Lager produziert werden, da die genauen Schaltfunktionen erst mit den späteren Prozeßmodulen festgelegt werden. Die Anzahl der in der Fertigung befindlichen Entwicklungslose zur Erprobung neuer bzw. zur routinemäßigen Qualifikation bestehender Prozesse kann bis zu 10% betragen. Da es sich bei der Bearbeitung von Entwicklungslosen um Experimente handelt, deren notwendige statistische Sicherheit vom geplanten Ziel abhängt, haben Entwicklungslose grundsätzlich flexible Losgrößen und eine hohe Vielfalt an zugeordneten Arbeitsplänen.

2.3   Fertigungsgeräte und Materialfluß

2.3.1   Losdefinition und Materialfluß auf Geräteebene

Fertigungsgeräte in der Halbleiterfertigung werden nahezu ausschließlich mit offenen Kassetten beschickt. Kassetten werden zwischen den Prozeßschritten in geschlossenen Transportboxen aufbewahrt und transportiert. Die Transportbox ist auch i.d.R. Träger der Laufkarte des Loses. Am Gerät öffnet ein Werker die Transportbox, entnimmt die Kassette und belädt das Fertigungsgerät manuell. Lediglich Einzelgeräte im Lithographiebereich (Belacker - Belichter - Entwickler) werden direktverkettet und übergeben Einzelscheiben. Eine Fertigungslinie in Deutschland verwendet derzeit Transportboxen gemäß dem Standard Mechanical Interface Standard (SMIF Standard), die mit zunehmender Tendenz in Halbleiterfertigungen eingesetzt werden /KLU95, CAS95, HAS96, MAR96/. Nach dem Abstellen der Box am Gerät durch den Werker wird die Kassette mit den Scheiben automatisch und atmosphärisch von der Außenwelt getrennt entnommen.

Ein Los in der Halbleiterfertigung besteht physikalisch aus den Scheiben, den Kassetten und den daran angebrachten Loskennungen und Laufkarten. Je nach Transportkonzept sind Loskennung und Laufkarte hierbei direkt oder indirekt an den Kassetten angebracht. Informationstechnisch besteht das Los zusätzlich aus dem Arbeitsplan und der Loshistorie. Die Laufkarte existiert überwiegend in Papierform, einige Fertigungen außerhalb Deutschlands setzen elektronische Laufkartensysteme ein. Die Laufkarte enthält eine vollständige oder teilweise Kopie von Information aus Arbeitsplan und Loshistorie. Gründe für den Einsatz von Laufkarten zusätzlich zu den zentral elektronisch gespeicherten Daten sind die Möglichkeit des kontinuierlichen Betriebes auch bei Störungen der Informationsverarbeitung /ADE87/ sowie die in Deutschland gesetzlich erschwerte zentrale elektronische Erfassung der Werkernamen zu den Einzelprozeßschritten.

Komponente eines Loses	Varianten		
Förderhilfsmittel	offene Kassetten	Kassetten in manuell bedienbaren Transportboxen	Kassetten in SMIF-kompatiblen Boxen
Anbringungsart der Loskennung	an der Kassette	an der Box	-
Loskennung	Aufkleber mit Strichcode	elektronische Kennung (induktive oder radio/mikrowellenbasierte Übertragung)	elektronische Laufkarte mit lokalem Speicher (infrarotbasierte oder radio/mikrowellenbasierte Übertragung)
Laufkartenausführung	Papier	mobiler Datenträger (z.B. Chipkarte, Diskette)	
Laufkarteninhalt	Ausschnitt aus Arbeitsplan und Loshistorie	vollständiger Arbeitsplan und Loshistorie	-

Bild 3   Förderhilfsmittel und Kennzeichnungsverfahren in der Halbleiterfertigung

Bild 3 stellt die in der Halbleiterfertigung vorkommenden Ausführungen von Förderhilfsmitteln und hierfür anwendbaren Kennzeichnungsverfahren dar /SAT90/.

Der interne Materialfluß der Fertigungsgeräte orientiert sich an Prozeßanforderungen. Je nach Prozeß werden die Scheiben in hochtemperaturstabile Quarzkassetten oder Metallkassetten oder medienresistente Teflonkassetten umgeladen oder verbleiben direkt in den Transportkassetten. Geräte mit langen Prozeßzeiten erlauben zur Durchsatzerhöhung die Beladung mit bis zu 12 Kassetten. Die physikalischen und chemischen Prozesse (Temperaturverläufe, Strömungsverhältnisse) hängen teilweise von der Anzahl der im Prozeß befindlichen Scheiben ab. Fehlen Scheiben in den für die Beschickung vorgesehenen Kassetten, müssen in die Lücken Füllscheiben eingefügt werden. Der Materialfluß am Gerät beschränkt sich nur in Ausnahmefällen auf das Be- und Entladen der Kassetten. Bei den meisten Geräten muß zusätzlich prozeßbedingt in Spezialkassetten umgehordet werden, wobei die Zahl der Umhordungen je nach Prozeß und Gerätetechnik zwischen dem 0,8-fachen bis 1,4-fachen der Anzahl der Prozeßschritte liegen kann /WOH88, SAT90/. Bei Umhordungen müssen häufig auch Monitorscheiben oder Füllscheiben hinzugefügt bzw. abgesondert werden.

Bei Fertigungsgeräten, die eine Umhordung der Scheiben in spezielle Kassetten erfordern, sind die notwendigen Einrichtungen hierfür bei heutigen Produktionsgeräten integriert. Weiterhin existieren manuelle sowie automatisierte Umhordevorrichtungen für den Einsatz in Verbindung mit älteren Geräten, denen die internen Umhordevorrichtungen fehlen. Umhordevorgänge sowie Ein-/Ausschleusvorgänge an Fertigungsgeräten bedingen ein Gesamtverhalten, das von der üblichen Betrachtungsweise von Betriebsmitteln bezüglich der Zusammensetzung der Auftragszeit /WAR93/ abweicht.

Die Merkmale der Gerätetypen bezüglich des Materialflusses sind in Bild 4 zusammengefaßt.

Gerätetyp	Beladeeinheit	Belade-menge in Scheiben	Spezial-kassetten notwendig	interne Menge im Prozeß	Füll-scheiben notwendig
Ofen	Kassetten	n * 25	Quarz-kassetten	100 bis 300	ja
Naßbank	Kassetten	n * 25	Teflon-kassetten	25	häufig
Belacker, Belichter, Entwickler	Kassetten oder Einzelscheiben	n * 25 oder 1	nein	1	nein
Plasmaätzer, Implanter, Sputteranlage, Epitaxie, Niederdruckabscheidung	Kassetten	n * 25	teilweise Metall-kassetten	1	nein
Inspektionsgerät	Kassetten	n * 25	nein	1	nein

Bild 4   Merkmale des internen Materialflusses von Halbleiterfertigungsgeräten

2.3.2 Geräteinterner Materialfluß

Derzeit besitzen nur wenige Fertigungsgeräte integrierte Vorrichtungen zur Identifikation von Einzelscheiben. Innerhalb der Geräte können Scheiben daher nur über die Losidentität bzw. Kassettenkennung und die Position in der Kassette verfolgt werden. Die Funktionen zur Gewinnung von Scheibeninformationen bezogen auf eine Positionsangabe in der Kassette stellen die Mehrzahl der Fertigungsgeräte an ihrer Datenschnittstelle bereit.

Aufbau, Struktur und Mindestumfang der Nachrichten an der Datenschnittstelle eines Halbleiterfertigungsgerätes ist mit dem Semiconductor Equipment Communications Standard SECS (SECS I für die ISO-OSI Schicht 1 bis 4, SECS II für die ISO-OSI Schicht 5 bis 6) und Generic Equipment Model (GEM für die ISO-OSI Schicht 7) standardisiert /SEMI95/. Standardisierungsgremium ist Semiconductor Equipment and Materials International (SEMI).

Das SECS Protokoll ist in Nachrichtenhaupt- und -unterkategorien eingeteilt. Die Kategorien einer SECS Nachricht bestimmen deren grundsätzliche Zweck bzw. Funktion. Die spezifischen Details der jeweiligen Nachricht sind in den Werten der Variablen repräsentiert und sind wie auch der gesamte Arbeitszyklus geräteabhängig. /SEC93/

Für die Gewinnung von Einzelscheibeninformation sind neben den Grundfunktionen die Implementierung der Nachrichtenhauptkategorien für Einzelabfragen, Reportfunktionen, Los/Scheibeninformationen und Ereignismeldungen auf der dem Gerät übergeordneten Leitebene notwendig.

2.4 Informationsverarbeitung in der Fertigung

Die Einteilung der Informationsverarbeitung in der Halbleiterfertigung unterhalb der Produktionsplanung und -steuerung besteht aus den drei wesentlichen Ebenen Werkstattsteuerungsebene, resourcennahe operative Ebene und Gerätesteuerungsebene /SCMT89/. In der Halbleiterfertigung ist diese Einteilung prinzipiell durchgesetzt, es müssen jedoch spezifische ebenenübergreifende Funktionsmodule zur Prozeßkontrolle, Rezeptverwaltung sowie Gebäudeleittechnik und Reinheitsmanagement in die Architektur integriert werden. /ZOS94, HAM94, HER92, MAT94, SHI94, SEA95/

2.4.1 Informationssysteme auf operativer Ebene

Zur Vereinfachung oder Automatisierung des Arbeitsablaufes werden an ausgewählten Stellen Zellensteuerungssysteme, Identifikationssysteme oder Betriebsdatenerfassungssysteme eingesetzt.

Funktional stellen die Zellensteuerungssysteme Rezepturverwaltungsfunktionen und lokale Materialflußsteuerungsfunktionen bei automatisiert verketteten Geräten bereit. Die Rezepturverwaltung auf Zellenleitebene dient der Verwaltung der zusätzlich zu den allgemeinen Bearbeitungsvorschriften notwendigen gerätespezifischen Vorgaben. Eingesetzte EDV-Werkzeuge zur Realisierung von Zellensteuerungssystemen in der Halbleiterfertigung sind Prozeßleitsysteme (z.B. Aprol, Factory Link, BASEstar) oder Werkzeuge zur Interprozeßkommunikation, auch Softwarebussysteme genannt, wobei einige dieser Systeme zusätzlich zur Prozeßkommunikation auch Werkzeuge zur Erstellung von Bedienerbildschirmen oder Programmmodulen beisteuern /SÖT95, LOH92, LOH90, HOC94, KRE94, MIT94, FAC92/. Häufig in der Mikroelektronik in Deutschland verwendete Werkzeuge sind CELLworks, Factory Link, DECmessageQ, ISIS, BASEstar Open und Aprol. /HER92B, MÄU94, HUT92, VAR92/

System	Varianten		
Werkzeuge für Zellenleitsysteme	Prozeßleitsystem	Softwarebus	
Identifikation von Material	Strichcode	drahtlose Identifikationssysteme	intelligente Hordendatenträger
Betriebsdatenerfassung	Terminal Werkstattsteuerung	Industrieterminal	
Statistische Prozeßkontrolle (SPC)	integriert in Werkstattsteuerung	separate vernetzte SPC Systeme	lokale SPC Systeme am Arbeitsplatz

Bild 5   Informationssysteme auf operativer Ebene

In einigen Massenfertigungen in USA und Fernost werden sog. intelligente, schreib-/lesbare Datenträger in Verbindung mit Losverfolgungssystemen eingesetzt, die zur Mitführung zusätzlicher Information neben der Loskennung dienen /FLU93, SAT90, ENG92, AUT94/. Neben den Terminals der Werkstattsteuerung werden teilweise ergänzende Betriebsdatenerfassungsterminals bzw. Industrieterminals eingesetzt. Diese stellen vereinfachte Bedienfunktionen zur Anforderung der nächsten zu bearbeitenden Lose und zum Buchen von Prozeßbeginn und -ende für den Werker bereit. Die eingesetzten Systeme werden überwiegend mit Hilfe der Werkzeuge für die Zellenautomatisierung entwickelt.

Die Aufgaben der Prozeßsteuerung auf operativer Ebene werden heute zunehmend in den Funktionsumfang der Gerätehersteller übernommen. Hierbei werden die Einzelgeräte zu mehreren von der Prozeßtechnik direkt aufeinanderfolgenden Einzelprozeßschritte direktverkettet oder flexibel verkettet und und um EDV-gestützte Algorithmen zur analytischen und statistischen Vorwärts-/Rückwärtsregelung der Prozesse ergänzt /SUL92, KOI94, WER95/. Darüber hinaus existieren in der Fertigung i.d.R. zusätzliche Dokumentenverwaltungssysteme zur Bereitstellung von Verfahrens- und Arbeitsanweisungen, in der Mikroelektronik auch häufig in Einzelprozeßanweisungen genannt, um den gestiegenen Forderungen an zertifizierbare Qualitätssicherungsverfahren zu genügen /HER95/.

Teilweise ist das automatische Ein- und Ausbuchen von Prozeßschritten der Lose in der Werkstattsteuerung durch resourcennahen Systemen über eine Datenschnittstelle automatisiert realisiert /TUO92/. Die überwiegende Zahl der Vorgänge auf operativer Ebene erfolgt jedoch mit letztendlicher Entscheidung durch den Werker und erfordert daher die Berücksichtigung des Werkers bei der Planung und Realisierung von Informationssystemen /HER92C/.

2.4.2   Werkstattsteuerung

Marktführer für Werkstattsteuerungssysteme für die Mikroelektronik in Deutschland ist derzeit Workstream (Fa. Consilium), jeweils ein Anwender setzt Promis (Fa. Promis), CAMIC (Eigenentwickung Philips) und MPS/2 (Fa. IBM) ein. /FRI92, SAT90, WAN92/

Die Werkstattsteuerungssysteme sind durchgängig für die Verfolgung von Losen und nicht von Einzelscheiben ausgelegt. Los im Sinne des Werkstattsteuerungssystems ist eine Menge von Scheiben mit einer zugeordneten Kennung. Die Ein- und Ausbuchung der Lose und Prozeßschritte an den Fertigungsgeräten erfolgt durch die Werker an Terminals. Die automatisierte Identifikation der Losnummern wird häufig über Strichcodelesesysteme realisiert. Der Strichcode wird heute durchgängig auf den Transportboxen oder einer papiergestützten Laufkarte angebracht. Die Laufkarte dient der Weiterbearbeitung bei Ausfall der EDV sowie als Hilfsmittel zur Speicherung von Zusatzinformationen. Alle Arbeitsgänge eines Arbeitsplanes werden nur in Ausnahmefällen gebucht. Überwiegend werden lediglich sogenannte Summenprozesse (Gruppe von Prozeßschritten bzw. Arbeitsgängen) gebucht. Die Verfolgung der Lose im Werkstattsteuerungssystem ist in diesem Fall nur auf Summenprozeßebene möglich.

Die Grundstruktur des Arbeitsablauf am Fertigungsgerät ist wie in Bild 6 dargestellt weitgehend einheitlich in den existierenden Fertigungsstätten organisiert.

Phase (1)	Teilschritt eines Arbeitsganges in der Halbleiterfertigung	besondere Merkmale (Halbleiterfertigung)
Dispositive Phase: Kapazitäten und Termine planen, Disponieren Fertigungshilfsmittel	Dispositionsalgorithmus der Werkstattsteuerung (2)	erfolgt i.d.R. ohne Bedienereingriff
	Auswahl der nächsten zu prozessierenden Lose (2)	Prioritäten des Systems haben Vorschlagscharakter, Bediener trifft Feinauswahl
Vorbereitende Phase: Bereitstellen Fertigungshilfsmittel	Bereitstellung Fertigungshilfsmittel	Zufuhr Werkzeuge, Betriebs-/Hilfsstoffe etc. heute weitgehend automatisiert
Bereitstellen Werkstück	Bereitstellung des Loses	
	Einbuchen des Loses (der Lose) (2)	wird nicht vor jedem Prozeßschritt ausgeführt
	Einbringen Monitor-/Füllscheibe(n)	je nach Prozeß teilweise notwendig
Operative Phase: Rüsten	gegebenenfalls Lesen von Rüst-/Fertigungsvorschriften (2)	arbeitsplatz/gerätespezifisch, prozeßschrittspezifisch
	Rüsten des Gerätes	gerätespezifische Feineinstellungen notwendig
Abarbeiten	Beladen des Gerätes	teilweise gerätebedingt Füllscheiben einbringen
	Bearbeitungsprozeß	
	Entladen des Gerätes	teilweise gerätebedingt Füllscheiben entfernen
	Entfernen Monitor-/Füllscheibe(n)	je nach Prozeß teilweise notwendig
	gegebenenfalls Beurteilung des Prozeßergebnisses (2)	Inspektion auf Monitorscheiben oder Produktivscheiben
	Ausbuchen des Loses (2)	wird nicht nach jedem Prozeßschritt ausgeführt
	Lose abtransportieren	bis Ausgangsregal oder nächstes Eingangsregal
Abrüsten	Abrüsten des Gerätes	nur wenn nächstes Los anderen Rüstzustand erfordert

(1)nach /SIEW94/   (2) Teilschritte mit Interaktion zur Werkstattsteuerung

Bild 6   Phasen und Teilschritte eines Arbeitsganges am Fertigungsgerät

3 Einflüsse auf die wirtschaftliche Fertigung flexibler Losgrößen

Die bisher beschriebenen Randbedingungen seitens der Prozeßtechnik, Gerätetechnik und Werkstattsteuerung koppeln die Losgröße in der Mikroelektronik an die Kapazität der verwendeten Kassetten. Im folgenden Kapitel werden prinzipielle Eingriffsmöglichkeiten zur wirtschaftlichen Fertigung flexibler Losgrößen analysiert und bewertet. Anhand der Bewertung werden geeignete Eingriffsmöglichkeiten detektiert und in die Konzeption eines Lösungsansatzes überführt.

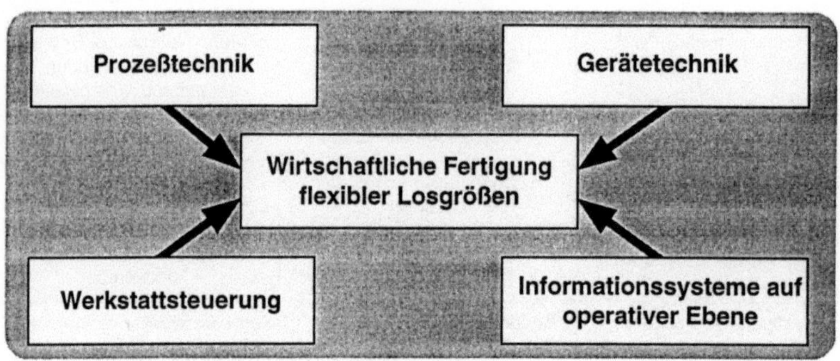

Bild 7   Einflußgrößen auf die wirtschaftliche Fertigung flexibler Losgrößen in der Mikroelektronik

3.1 Einfluß der Prozeßtechnik

Für die Prozeßschritte bis vor die Kontaktschichten und Metallisierung (Basisscheibenfertigung) werden vorwiegend Öfen für die Schichtabscheidungen und Naßprozeßgeräte und Plasmaätzer in etwa jeweils gleichem Umfang für die Reinigungs- und Ätzschritte genutzt. Für die Prozesse der Metallebenen und Kontaktschichten (Metallisierung) werden die wesentliche Schichtabscheidungen durch Sputtern und nahezu alle Ätzschritte durch Plasmaätzen vorgenommen. Die hierfür verwendeten Geräte arbeiten unter Vakuumatmosphäre.

Die Untersuchung zum Anteil der Gerätetypen an den Prozeßschritten in Bild 8 zeigt, daß die stärkere Frequentierung der Öfen und Naßprozeßgeräte bei der Basisscheibenfertigung sowie die stärkere Frequentierung der Vakuumgeräte bei der Metallisierung unabhängig von der Technologie und damit auch unabhängig vom Produkt ist.

In der Basisscheibenfertigung können verschiedene Produkte der gleichen Technologie und des gleichen Gesamtprozesses zusammengefaßt werden und bis vor die Metallisierung, d.h. die Kontaktschichten und Metallebenen, auf Zwischenlager gefertigt werden. Durch diese Möglichkeit kann die Losgröße bei den Basisscheibenprozessen 25 Scheiben betragen, auch wenn die Losgrößen prinzipiell kleiner sind. Die Organisationsform der Fertigung mit einem Zwischenlager vor der Metallisierung wird häufig bei der Produktion kundenspezifischer Schaltungen (ASIC's) auf der Basis einer Technologie

und weniger Gesamtprozesse angewendet. Die Fertigungsprozesse nach dem Zwischenlager können hierbei nicht beeinflußt werden.

Gerätetyp	Technologie					
	6" Bipolar		6" CMOS		6" Unipolar	
	B	M	B	M	B	M
Naßprozeßgeräte	25 %	25 %	32 %	27 %	25 %	24 %
Öfen	18 %	4 %	11 %	12 %	18 %	5 %
Standardgeräte	42 %	17 %	14 %	11 %	42 %	17 %
Lithographieanlagen	8 %	15 %	14 %	12 %	9 %	15 %
Vakuumgeräte	7 %	39 %	29 %	38 %	8 %	39 %
B Basisscheibenfertigung			M Metallisierung			

Bild 8　　　*Anteil der Prozeßschritte je Gesamtprozeß, Gerätetyp und Fertigungsstufe*

Für die Fertigung von Losgrößen ab 1 Scheibe bei einer hohen Technologievielfalt eignet sich das Konzept des Zwischenlagers kaum, da zahlreiche technologische Randbedingungen bei der Zusammenfassung mehrerer Lose in einer Kassette berücksichtigt
werden müssen. Es finden sich daher erheblich weniger Lose, die genau vom Einstarten
in die Fertigung bis zum Ende der Basisscheibenfertigung gemeinsam bearbeitet werden
können.

3.2　　Einfluß der Gerätetechnik

Bei Naßprozeßgeräten und Öfen ist die Prozeßzeit von der Losgröße unabhängig.
Teilbefüllte Kassetten müssen mit Hilfe geräteinterner oder externer Einrichtungen in
Prozeßkassetten umgehordet werden, wobei die Belegung mit Scheiben zur Sicherstel-
lung definierter Prozeßbedingungen festgelegt ist. Die Verwendung teilbefüllter
Kassetten erhöht hier die notwendige Nebenzeit für die Umhordung in die Prozeßkasset-
ten. Lücken in Prozeßkassetten müssen mit Füllscheiben geschlossen werden, deren
Bearbeitung zusätzliche Kosten durch die verringerte Geräteauslastung mit Produktionsscheiben und die Kosten der Füllscheiben selbst verursacht.

Lithographiegeräte arbeiten intern direktverkettet mit Einzelscheibenhandhabung. Sobald genügend Scheiben zur Füllung des Gerätes bzw. der Gerätegruppe in die Prozeßkammern eingefahren sind, wird jeweils ca. 1 Scheibe pro 0,8 bis 3 Minuten fertigge-
stellt (bestimmt entweder durch die Dauer des Belichtungsprozesses oder der Kapazität
des Entwicklermoduls). Für das Rüsten auf ein unterschiedliches Maschinenprogramm
muß jedoch das Gerät zunächst in den meisten Fällen leergefahren werden, um die Prozeßkammern zu rüsten. Das Gerätesystem arbeitet daraufhin etwa 10 bis 15 min., bis alle
Prozeßkammern wieder befüllt sind. Teilbefüllte Kassetten bewirken deshalb erhöhte
Rüstzeitanteile.

Bei Plasmaätzern, Sputteranlagen, Implantern und Epitaxieanlagen benötigt der Vorgang des Abpumpens der Vakuumkammer nach dem Beladen eines Loses und des Belüftens der Kammer nach dem Prozeß zusammen etwa 10 Minuten. Insbesondere schnellere Belüftungszeiten bewirken bei nahezu allen Geräten signifikant erhöhten Ausschuß, da die Kammern aufgrund der physikalischen Randbedingungen der im Vakuum stattfindenden Plasmaprozesse stark partikulär verunreinigt sind und die Belüftung diese Partikel durch Strömungseffekte auf das Produkt transportiert. Aufgrund des wesentlichen Anteils der Evakuierungs- und Belüftungszeit an der Auftragszeit ist bei den Vakuumgeräten der Durchsatz signifikant von der beladenen Scheibenmenge in der Kassette abhängig.

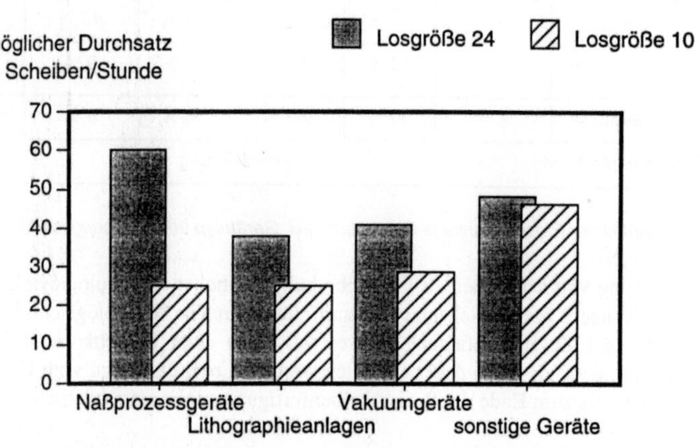

Bild 9   Durchsatz verschiedener Gerätetypen in Abhängigkeit von der Losgröße

Durch Verringerung der Losgröße von 24 auf 10 Scheiben verlieren Naßprozeßgeräte etwa 60%, Lithographiegeräte bzw. direktverkettete Geräte und Vakuumgeräte 25% bis 30% des Durchsatzes während der produktiven Phase der Geräte. Der Durchsatz von sonstigen Standardgeräten mit Einzelkassettenbearbeitung (z.B. Inspektionsgeräte) bleibt weitgehend unberührt. Bei Öfen ist der Durchsatzverlust stark von der Ausführung der Handhabungseinrichtungen für die Umhordung in die Prozeßkassetten abhängig. Der überwiegende Teil der Öfen verwendet Kassettenhandhabung. Der Greifer des Handhabungsgerätes greift alle Scheiben einer Kassette gleichzeitig und kann keine einzelnen Scheiben umhorden. Hier wirkt sich die Verringerung der Losgröße vergleichbar zu den Naßprozeßgeräten aus. Einige Modelle haben Einrichtungen zur Einzelscheibenhandhabung und können daher beim Umhorden in die Prozeßkassetten mehrere teilbefüllte Kassetten in die Prozeßkassetten hinein verdichten. Bei der Betrachtung wurden der günstigste Fall von Standardrüstzeiten zugrunde gelegt. Bei Vakuumgeräten und Öfen sind bei Umrüstung auf einen grundlegend anderen Prozeß wesentlich verlängerte Rüstzeiten für die Konditionierung der Prozeßkammer auf ein anderes Prozeßgasgemisch notwendig. Bei Naßprozeßgeräten und Belackern ist dies beim Wechsel des entsprechenden Mediums (Säure, Lauge, Lack, etc.) der Fall. Bei Belichtern liegt die Umrüstzeit bei flexiblen Modellen mit automatischer Maskenhandhabung im

Sekundenbereich, bei durchsatzstarken Geräten im Bereich von 5 bis 10 Minuten. Die Untersuchung zeigt, daß die Auswirkungen der Losgröße auf die Auslastung der Geräte während der produktiven Phasen erheblich sind. Auf die Gesamtauslastung des Gerätes bezogen ist die prozentuale Minderung des Durchsatzes von den übrigen Zeitanteilen für Wartung, Störungen oder Prozeßentwicklungsarbeiten (engl.: Engineering) abhängig, wobei sich diese Zeitanteile etwa zur Hälfte der theoretisch möglichen Verfügbarkeit addieren /SEM95/.

Die Investitionskosten für die Fertigungsgeräte betragen etwa 50% der gesamten Investitionen in eine neue Fertigung. Der Fixkostenanteil für die Geräteabschreibung an den Herstellkosten beträgt etwa 30%. Da die Vakuumgeräte und Lithographieanlagen einen wesentliche Teil der Geräteinvestitionen bilden, werden die Herstellkosten bei Losgröße 10 anstelle von Losgröße 24 mit etwa 15 bis 20% signifikant erhöht.

Die heute verfügbare Gerätetechnik bedingt, daß flexible Losgrößen ab Losgröße 1 die Herstellkosten erhöhen. Der Gerätedurchsatz sinkt bauartbedingt insbesondere bei Öfen, Naßprozeßanlagen, Vakuumgeräten und Lithographieanlagen. Die verfügbare Gerätetechnik bietet keine Möglichkeit der wirtschaftlichen Entkopplung von Los und Kassette, da die Geräte nur mit durchgängig durch die Fertigung vollständig befüllten Kassetten wirtschaftlich arbeiten. Die erheblichen Unterschiede in den gerätebedingten Losgrößen zwischen Geräten für Chargenprozesse und Geräten mit Einzelscheibenbearbeitung behindern eine gleichmäßige und hohe Auslastung der Fertigung. Geräteintern sind bei keinen gängigen Geräten Vorrichtungen zur Einzelscheibenidentifikation intern vorhanden, so daß eine verwechslungsfreie Bearbeitung von Kassetten mit Scheiben verschiedener Produkte unterstützt werden könnte.

3.3 Einfluß der Werkstattsteuerung

In einer typischen flexiblen Halbleiterfertigung arbeiten je nach Schichtmodell 250 bis 400 Werker an 60 bis 70 Fertigungsgeräten. Neu in die Fertigung eingelastet werden ca. 200 Lose pro Woche. Dies ergibt bei Durchlaufzeiten von 40 bis 70 Tagen einen Umlaufbestand von 8000 bis 14000 Produktionslosen. Die Produktionslose bilden etwa 50 bis 75% des Bestandes, da zusätzlich noch Entwicklungslose, Qualifizierungslose und Test- bzw. Füllscheibenlose in der Fertigung existieren. Größere Fertigungsstätten in Deutschland werden durch mehrere einzelne Fertigungen gebildet, wobei die Fertigungen dann als Linien oder Fertigungsbereiche bezeichnet werden.

Der Fertigungscharakter der Halbleiterfertigung ist der einer Werkstattfertigung mit begrenzten Kapazitäten. Hierbei muß bei der Steuerung besonders auf minimale Bestände beim Einstarten der Lose, Einlastung der Lose nur bei Bedarf sowie die Ermittlung des Optimums zwischen Rüstkosten und Bestandskosten geachtet werden /GRE88/. Die Eingriffsmöglichkeiten der Werkstattsteuerung sind in Bild 10 dargestellt.

Eingriffsort der Werkstattsteuerung	Einschränkungen durch die Halbleiterfertigungstechnik	Einflußmöglichkeit der Werkstattsteuerung
Produkt	keine	gegeben
Kapazitätseinheit/ Resource	prozeßtechnisch bevorzugte Geräte für viele Einzelprozeßschritte	teilweise gegeben
Termin	Zeitkopplungen zwischen Prozeßschritten; prozeßtechnisch geeignete Rüstzustandsabfolgen	teilweise gegeben
Menge	fixierte Losgröße (Vielfaches von 25)	minimal gegeben

Bild 10   Eingriffsmöglichkeiten und Einschränkungen für die Werkstattsteuerung

Zur Erzielung eines optimalen Produktflusses stehen zahlreiche Verfahren z.B. zur Berechnung der optimalen Losgröße (statische Losgrößenformel z.B. nach /AND29/, dynamische Losgrößenberechnung z.B. nach /GRE88, NYH91/), zur Maschinenbelegungsplanung /DAN89/, zur belastungsoptimierten Auftragsfreigabe /WIEN87/ oder zur bedarfsorientierten Steuerung (z.B. Kanban /GLA91/) zur Verfügung. Darüber hinaus wurde der Einsatz wissensbasierter Verfahren unter anderem auch für die Halbleiterfertigung untersucht /SAC89, FOX84, SCI90/. Gemeinsam ist diese Verfahren die Vernachlässigung der Dynamik einer oder mehrerer Einflußgrößen. Deshalb wurden in neueren Forschungsarbeiten integrierte Ansätze z.B. auf der Basis der simulativen Bewertung von erzeugten Lösungsvarianten entwickelt, die alle Einflußgrößen dynamisch betrachten /SCU95/.

Bei Losgröße 25 beträgt in der Halbleiterfertigung die reine Summe der Bearbeitungszeiten als Basisgröße der Durchlaufzeit am Beispiel eines 1 µm CMOS Prozesses für 150 mm Scheiben etwa 8,5 Tage. Bei Losgröße 10 beträgt diese Summe noch 7,2 Tage. Unter Berücksichtigung der wahren Geräteverfügbarkeiten ergibt sich im statistischen Mittel eine minimale Durchlaufzeit von ca. 12 bis 13 Tagen und eine tatsächliche Durchlaufzeit von 45 bis 65 Tagen (je nach Auftragspriorität). Damit haben flexibel orientierte Halbleiterfertigungen einen Flußfaktor von etwa 3 bis 5. Die gerätetechnisch bedingte Verringerung der Durchlaufzeit durch verringerte Losgrößen beträgt mit ca. 1,3 Tage also etwa 10% der minimalen und 2 bis 3 % der tatsächlichen Durchlaufzeit. Die Durchlaufzeit in der Halbleiterfertigung wird daher von einer Flexibilisierung der Losgröße direkt kaum beeinflußt, sofern die Bindung der Lose an die jeweilige Kassette erhalten bleibt. Durch die Verringerung der Losgrößen kann daher lediglich der Bestand merklich gesenkt werden und je nach Randbedingungen bei komplexen Technologien eine Ausschußreduzierung aufgrund der geringeren Verweildauer der teilbearbeiteten Scheiben in kontaminierender Umgebung erreicht werden.

Die Werkstattsteuerung kann daher mit Hilfe der Einflußgrößen Resource, Zeit und Operation im Rahmen der prozeßtechnischen Randbedingungen arbeiten. Der Durchsatzeinbruch bei Fertigungsgeräten durch die Beladung mit unvollständig gefüllten Kassetten bei Losgrößen ab 1 Scheibe kann von der Werkstattsteuerung nicht beeinflußt werden. Der Parameter Menge steht der Werkstattsteuerung nur mit der Kassette als kleinster Einheit zur Verfügung, da nicht weniger als eine Kassette in eine Maschine eingelastet werden kann. Die wesentlichen Kriterien der Fertigung flexibler Losgrößen ab 1 Scheibe bestehen in der Mikroelektronik also darin, die Fertigungsgeräte trotz geringer Losgrößen mit weitgehend befüllten Kassetten zu beschicken und dabei die in jeder Fertigung unterschiedlichen technologischen Randbedingungen einzuhalten. Weitere Kriterien bestehen in der exakten Rückverfolgbarkeit der Fertigungsprozesse und in der Verwaltung der nicht produktiven Scheiben (Monitorscheiben, Füllscheiben). Die Einflußmöglichkeiten der Werkstattsteuerung in Abhängigkeit von der Losgröße sind in Bild 11 bewertet.

Kriterium	Einfluß bei Fertigung von Losen mit Losgröße n^*25	Einfluß bei Fertigung von Losen mit Einzelscheiben
Durchsatzerhöhung von Ofenanlagen	+	-
Durchsatzerhöhung von Vakuumgeräten	o	-
Durchsatzerhöhung von Naßprozeßgeräten	+	-
Durchsatzerhöhung von Lithographieanlagen	o	-
Durchsatzerhöhung von Standardgeräten	o	o
Einhaltung prozeßtechnischer Randbedingungen	o	-
Verfolgung der Monitor-/Füllscheiben	o	-
Rückverfolgbarkeit des Produktionsprozesses für jedes Los	+	-
+ gut geeignet o geeignet - ungeeignet		

Bild 11   *EinflußmÖglichkeiten der Werkstattsteuerung in Abhängigkeit von der Losgröße*

Es fehlt ein Verfahren zur Beeinflussung des Füllgrades der Kassetten bei der Fertigung von Losgrößen ab 1 Scheibe. Dieses Verfahren muß auf alle vorkommenden Gerätetypen anwendbar sein, prozeßtechnischen Randbedingungen einhalten können und den kontrollierten und rückverfolgbaren Fertigungsprozeß aller Scheiben gewährleisten.

3.4   Einfluß von Informationssystemen auf operativer Ebene

Die automatisierte Betriebs- und Maschinendatenerfassung auf resourcennaher Ebene ist für die Validierung der Bearbeitung in Bezug auf korrektes Gerät, korrektes Prozeßrezept und korrektes Los wesentlich. Über die informationstechnische Anbindung der Geräte müssen die notwendigen Information hinsichtlich Gerätezustand, aktuell eingestelltem Rezept bzw. verfügbaren Rezepten und Beladestatus überprüft werden, um eine Bearbeitung einer Kassette korrekt sicherzustellen. Hierfür ist die Anpassung der jeweiligen Informationssysteme auf operativer Ebene an die SECS Schnittstelle des Gerätes erforderlich.

Der Bedarf an Verarbeitungsmechanismen für einzelchipbezogene Daten nimmt zu. Hierzu gehören Daten aus elektrischen Funktionsmessungen und Inspektionen auf Partikel, Schmutzfilme und geometrische Schaltungslayoutfehler /SIL92/. Diese Information müssen aufbereitet und nachfolgenden Geräten verfügbar gemacht werden, wobei heute die Hauptanwendung in der Übergabe von Fehlerart und Fehlerort zwischen Inspektionsgeräten besteht. Die Einzelchipabbildung stellt erhebliche Anforderungen an die Mächtigkeit des Produktdatenstruktur auf operativer Ebene und die Übertragung der relevanten Daten von/zu den jeweiligen Geräten.

Ein weiteres wesentliches Merkmal von Informationssystemen auf operativer Ebene ist der hohe Grad an Interaktion mit den Werkern. Bei nahezu allen Verrichtungen am Gerät hat der Werker bzw. Schichtleiter die letztendliche Entscheidungsbefugnis bzw. die Aufgabe der Interpretation von Daten. Die Gestaltung der Systeme muß daher mit geeigneten Vorgehensweisen und Techniken zur kooperativen Systementwicklung zwischen Anwender und Entwickler erfolgen /BAR92/.

Für die fehlerfreie Ausführung der Kernaufgaben bei der Prozessierung von Halbleitern, der Ein-/Ausbuchung des Materials am Gerät, der Rezeptselektion und der Prozeßdatenerfassung, ist die automatisierte Datenübertragung über die Geräteschnittstellen notwendig /BUR95/. Die überwiegende Anzahl der Fertigungsstätten in Deutschland betreibt Anschaltungen zu zwischen 0 und 15% der vorhandenen Fertigungsgeräte. Eine Fertigung hat etwa 60% der Geräte angebunden, wobei in drei anderen deutschen Fertigungsstätten derzeit wesentliche Anstrengungen zur Erhöhung des Automatisierungsgrades des laufenden Betriebes durch Anschaltung der Geräte unternommen werden. Grund für die bisher geringe Anzahl der Anschaltungen sind die damit verbundenen Kosten sowie der Zeitbedarf. Mit bestehenden Softwarewerkzeugen zur Anpassung der Zellenleitebene an die Befehlssätze der Geräte und des praktischen Funktionstests war bisher ein Aufwand von bis zu 12 Mannwochen pro Fertigungsgerät notwendig. Da ein Teil der Arbeit vor Ort am Gerät geleistet werden muß, wird die Produktion während dieser Phase zumindest behindert. Die Werkzeuge neuerer Generation /HER92B/ bieten Konfigurationsfunktionen, die das Anpassen der Nachrichten für das Ein- und Ausbuchen von Standardlosen, der Rezeptselektion und der Prozeßdatenerfassung bezogen auf das bearbeitete Los soweit unterstützen, daß der Aufwand mit unter 4 Mannwochen einen breiteren Einsatz wirtschaftlich macht. Diese Werkzeuge bieten auch integrierte Funktionen zur Bereitstellung angepaßter Benutzerschnittstellen für die Werker. Für die Verfolgung von Einzelscheiben auf operativer Ebene ist jedoch ein erweiterter Funktionsumfang an der Datenschnittstelle erforderlich, da Scheiben, Rezepte und Prozeßdaten nicht mehr losbezogen sondern scheibenbezogen verwaltet werden müssen. Aufgrund der bisher in den Fertigungsgeräten nur in Ausnahmefällen vorhandenen Einzelscheibenidentifikation fehlt hierzu die geräteinterne Verwaltung von Fächerpositionen in den Kassetten und die Korrelation mit den Scheibendaten. Die Identifikation von Einzelscheiben ist überdies nur eingeschränkt in der Fertigung einsetzbar, da dieser Vorgang mit allen verfügbaren Lesegeräten erhebliche Zeit benötigt.

Kriterium	Losebene/ Kassettenebene	Einzelscheiben- ebene
gesicherte Verfolgung des Materials	+	-
Vermeidung von Fehlprozessierung	+	-
Verfolgung von Monitor-/Füllscheiben	o	-
gesicherte Identifikation	+	o
Validierung geplanter Prozeßschritte	+	-
Anpaßbarkeit an den Bedienablauf	+	-
Anpaßbarkeit an das Gerät	+	-
Eignung für verschiedene Transporthilfsmittel	+	-

+ gut geeignet   o geeignet   - ungeeignet

Bild 12   Eignung heutiger Systeme auf operativer Ebene

Es fehlt daher ein System auf operativer Ebene, das die Verfolgung einzelner Scheiben und deren korrekte Bearbeitung sicherstellt. Dieses System muß sich grundlegend von bisherigen Systemen auf operativer Ebene unterscheiden, da die Identifizierbarkeit einzelner Scheiben bei heutiger Gerätetechnik eingeschränkt möglich bzw. nicht durchgängig einsetzbar ist.

3.5   Lösungsansätze zur wirtschaftlichen Fertigung flexibler Losgrößen

Alle Ansätze zur wirtschaftlichen Fertigung flexibler Losgrößen oder kleiner Losgrößen in der Literatur setzen hauptsächlich an den Rüstzeiten, Liegezeiten und Transportzeiten mit Hilfe automatisierungstechnischer Maßnahmen oder einer verbesserten Fertigungssteuerung an oder konzentrieren sich auf planende Ansätze (Fertigungsplanung) sowie organisatorische Verbesserungen bei der Handhabung der Produktvielfalt (Produktgruppenorganisation, CAD/CAM Integration). In der Mikroelektronik wurde insbesondere der Ansatz automatisierter flexibler Materialflußsysteme in Europa im Rahmen öffentlich geförderter Projekte in der ersten Hälfte der 90er Jahre intensiv untersucht. Fortschritte konnten bezüglich verringerter Durchlaufzeit und Bestände erzielt werden. Ein geeigneter Ansatz zur Flexibilisierung der Losgröße ist lediglich der organisatorische Ansatz der Entkopplung von Los und Produkt bis zum Zwischenlager. Dieser Ansatz wird in der Mikroelektronik bei der reinen kundenspezifischen Fertigung mit einer Technologie und wenigen Gesamtprozessen praktiziert. Mehrere spätere Produkte werden in einem Los zunächst gemeinsam prozessiert. Ab dem Zwischenlager werden die kundenspezifischen Lose in variablen Größen gefertigt, so daß sich der negative Einfluß auf die Wirtschaftlichkeit erst ab diesem Punkt auswirkt.

Lösungsansatz zur wirtschaftlichen Fertigung flexibler Losgrößen	angestrebter Nutzen	Eingriffsort
automatisierter Werkzeugwechsel und Werkstückwechsel /WAR91, SCR89, HAL95, ROB93/	Rüstzeiten und Nebenzeiten reduzieren	Betriebsmittel
rechnergestützte Methoden und Werkzeuge zur Fertigungsplanung /SCR89, ZVE95, ROB93, TAN93, WAR91, BEC91, HEZ95/	optimiertes Layout, optimierte Betriebsmittel	Fertigungsplanung
flexibel automatisierte Betriebsmittel, Industrieroboter /JAN93, SCR93/	Rüstzeiten reduzieren	Betriebsmittel
Vorfertigung von Basisprodukten auf Zwischenlager /MAK94/	Gesamtbestände und Durchlaufzeit senken	Fertigungsorganisation
Nutzung flexibler Betriebsmittel durch veränderte Prozeßtechnik /TEO94, WAG92/	Betriebsmittelkosten senken, Rüstzeiten reduzieren	Prozeßtechnik
automatisierte flexible Transportsysteme /PFA94/	Transportzeiten, Bestände und Durchlaufzeit senken	Betriebsmittel
Beherrschung hoher Variantenvielfalt /KRI93, KRO92/	CAD/CAM Kopplung	Fertigungsorganisation
flexibler automatisierter und manueller Mischbetrieb /MOC93/	flexible Betriebsmittel	Betriebsmittel
optimierte Werkstattsteuerung /GRE88, LIP92, SCR95/	Bestand, Durchlaufzeit, Auslastung optimieren	Werkstattsteuerung
Produktgruppenorganisation /ROS92/	Produkte und Varianten	Fertigungsorganisation
optimierte Produktionsplanung und -steuerung /KUR94/	gleichmäßige Kapazitätsauslastung	Produktionsplanung
neue Prozeßtechnik zur durchgängigen Einzelscheibenbearbeitung /MOS92/ (1)	Flexibilität der Betriebsmittel erhöhen	Betriebsmittel
automatisierte Direktverkettung für Einzelscheibenübergabe (1)	Bestände und Durchlaufzeiten senken	Betriebsmittel
automatisierungsgerechte Transportboxen für Einzelscheiben (1)	Bestände und Durchlaufzeiten senken	Betriebsmittel
(1)Ansätze in Forschungsprojekten, nicht in der industriellen Praxis eingesetzt		

Bild 13   Bekannte Ansätze zur wirtschaftlichen Fertigung flexibler Losgrößen

Die Ergebnisse einer Recherche zu Ansätzen in Maschinenbau, Automobilindustrie, Verpackungstechnik, Stahlindustrie, Umformtechnik, Leiterplattenindustrie und Mikroelektronik ist in Bild 13 zusammengefaßt.

Über die in der Praxis umgesetzten Konzepte hinaus verfolgen Forschungsarbeiten in der Mikroelektronik den Ansatz, die Prozeß- und Gerätetechnik in Richtung reiner Einzelscheibenbearbeitung weiterzuentwickeln. Vorwiegendes Ziel ist hierbei die Verbesserung der Prozeßtechnik, wobei aber auch Grundlagen für die wirtschaftliche Fertigung flexibler Losgrößen in der Mikroelektronik geschaffen werden sollen. Der Zeitpunkt, zu dem Produkte industriell in reinen Einzelscheibenprozessen gefertigt werden können, ist heute noch nicht absehbar. Für die Produktion des 256 Gigabit Speicherchips ab etwa 1998 werden Chargenprozeßgeräte, z.B. Öfen, nicht durchgängig von Prozessen mit Einzelscheibenbearbeitung abgelöst worden sein /SIN96/.

3.6 Zusammenfassung der Untersuchungsergebnisse

Wesentliche Hemmnisse für die wirtschaftliche Fertigung flexibler Losgrößen in der Mikroelektronik bestehen in der verfügbaren Geräte- und Prozeßtechnik. Die optimale Nutzung der Geräte ist nur bei Kopplung der Losgröße an die Kassetten gegeben. Abweichungen bewirken erhebliche Mehrkosten. Betroffen von diesem Zusammenhang zwischen flexiblen Losgrößen und Kosten sind in erster Linie Plasmaanlagen, Implanter, Sputteranlagen und Lithographieanlagen sowie in zweiter Linie Öfen und Naßprozeßanlagen.

Die Untersuchung hat weiterhin ergeben, daß ein Verfahren fehlt, das in der Lage ist, die Belademengen der Geräte von der Losgröße zu entkoppeln und hierbei dennoch die Kriterien der prozeßtechnischen Randbedingungen und der Rückverfolgbarkeit der Scheibenflüsse und Herstellprozesse zu gewährleisten. Hierfür ist ein System zur Verfolgung der einzelnen Scheiben in der Fertigung notwendig.

Ansatzpunkt für eine Lösung	möglicher Nutzen	Zeithorizont	Zugriff auf Technologie in Europa	Aufwand	Einsatz in bestehenden Fertigungen
Geräte- und Prozeßtechnik zur reinen Einzelscheibenbearbeitung	hoch	langfristig	gering	hoch	nicht möglich
verbesserte Werkstattsteuerung	gering	kurzfristig	mittel	mittel	möglich
Fertigung auf Zwischenlager	gering (1)	kurzfristig	hoch	gering	moglich
durchgängige Einzelscheibenverfolgung auf operativer Ebene	hoch	kurzfristig	hoch	gering	möglich
(1)Nutzen mittel bei Sonderfall kundenspezifische Produkte bei nur 1 Technologie (ASIC's)					

Bild 14   *Bewertung von Ansatzpunkten für eine Lösung*

Weder Werkstattsteuerung noch Informationssysteme auf operativer Ebene sind derzeit geeignet, die wirtschaftliche Fertigung flexibler Losgrößen in der Mikroelektronik sicherzustellen. Die gerätetechnischen Hemmnisse bezüglich der Bindung der Belademengen an die Kassetten behindern wichtige Ansatzpunkte für fortschrittliche Werkstattsteuerungsalgorithmen. Die fertigungsweit durchgängige Beladung mit Kassetten von Einzelscheiben verschiedener Produkte scheitert an der mangelnden Unterstützung der Gerätetechnik und der gerätenahen Informationssysteme zur Einzelscheibenidentifikation und -verfolgung. Bild 14 zeigt mögliche Ansatzpunkte für eine Lösung auf.

Nahezu alle relevanten **Fertigungsgeräte** im Bereich der Plasmaprozesse, des Sputterns und der Implantation werden in den USA hergestellt (Fa. Applied Materials, LAM Research, Novellus, Materials Research Inc. u.a.). Die Technologie im Bereich der Lithographieanlagen ist ebenfalls weitgehend in den USA und Japan beheimatet (Fa. SVG, Semitool, FSI International, Dai Nippon Screen, Canon, Nikon). Lediglich bei den minder relevanten Prozessen im Bereich der Ofentechnik und der Naßprozesse sind europäische Anbieter zumindest existent, wenn auch vom Marktanteil her unbedeutend (Fa. ASM International, Fa. Steag u.a.). Die Weiterentwicklung von Prozeß- und Gerätetechnik wird in dieser Arbeit nicht weiterverfolgt, da Ansätze in diesem Bereich durch die fehlende Technologie in Europa behindert werden.

Der Zugriff auf die Technologie im Bereich der **Werkstattsteuerung** ist ebenfalls eingeschränkt. Bis auf einen Halbleiterhersteller in Norddeutschland, der mit einer nicht am Markt erhältlichen Eigenentwicklung arbeitet, werden im Inland ausschließlich Systeme von US-basierten Herstellern eingesetzt. Über diese Einschränkung hinaus sind durch die Bindung der Losgröße an die physikalischen Kassetten die Einflußmöglichkeiten der Werkstattsteuerung begrenzt. Deshalb werden Lösungsansätze im Bereich der Werkstattsteuerung nicht weiterverfolgt.

Die **Fertigung auf ein Zwischenlager** vor der Metallisierung durch Zusammenfassung von Losen beim Start ist ein geeigneter Ansatz für 2 Standorte in Deutschland, die kundenspezifische Schaltungen auf der Basis nur einer Technologie fertigen. Der Ansatz ist jedoch in seiner Wirkung begrenzt, da die Auslastung der kostenintensiven Vakuumgeräte bei der Metallisierung nicht verbessert werden kann. Außerdem ist ein breiter Einsatz nicht möglich, da bei der hohen Technologievielfalt der meisten deutschen Fertigungen die Zusammenfassung von Losen für genau die Basisscheibenfertigung aufgrund prozeßtechnischer Randbedingungen geringe Verbesserungen bringt.

Die Untersuchung zeigt, daß die durchgängige **Einzelscheibenverfolgung auf operativer Ebene** einen möglichen Ansatzpunkt darstellt, der kurzfristig umsetzbar ist und in bestehende Fertigungen integriert werden kann. Die Basis der Einzelscheibenverfolgung muß ein **Verfahren zur Entkopplung der Lose von den physikalischen Kassetten** bilden, so daß die verfügbaren Geräte trotz flexibler Losgröße ab 1 Scheibe mit weitgehend vollständig befüllten Kassetten beladen werden können.

4 Ableitung der Entwicklungsschwerpunkte

Anhand der Untersuchung der Einflüsse auf die Wirtschaftlichkeit bei der Fertigung flexibler Losgrößen in der Mikroelektronik wurde ermittelt, daß die Entkopplung der Lose von den Kassetten mit Hilfe eines Systems zur Einzelscheibenverfolgung auf operativer Ebene als Lösungsansatz verfolgt werden soll. Diese Forderung ist gleichbedeutend mit der Mischung von Scheiben verschiedener Produkte als Lose in gemeinsame Kassetten mit dem Ziel der gemeinsamen Bearbeitung, wobei aufgrund der unterschiedlichen Gerätemerkmale diese Mischung ständig an die Gegebenheiten der nachfolgenden Betriebsmittel angepaßt werden muß und die resultierenden Mischlose daher nur temporär existieren. Ein temporäres Mischlos soll zunächst in Anlehnung an die bestehende Definition als Scheibenmenge in einer gemeinsamen Kassette mit eindeutiger Kennung zum Zweck der gemeinsamen Bearbeitung betrachtet werden, wobei die Scheiben unterschiedliche Produkte und damit Arbeitspläne repräsentieren, und in der folgenden Betrachtung kurz als **Mischlos** bezeichnet werden.

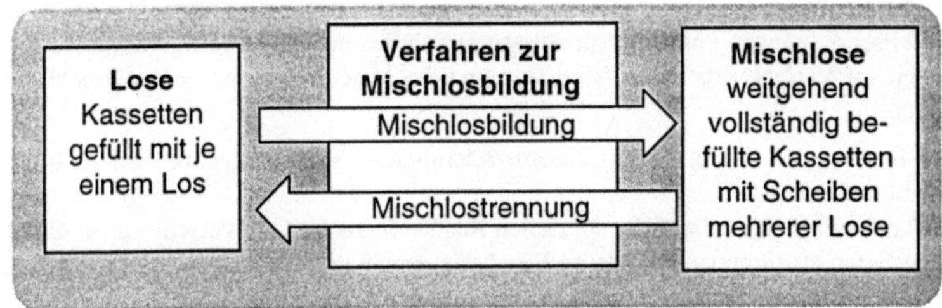

Bild 15   Definition von Mischlosbildung und Mischlostrennung

4.1 Anforderungen an das Verfahren zur Mischlosbildung

Ein Verfahren zur Mischlosbildung in der Halbleiterfertigung soll an den ermittelten wesentlichen Einflußgrößen auf die Wirtschaftlichkeit ansetzen und die Fertigung von Losen ab der Losgröße 1 ermöglichen.

Merkmale des Verfahrens

- **Maximierung der Anzahl produktiver Scheiben in zu prozessierenden Kassetten**
  Das Verfahren zur Mischlosbildung muß komplexe Mischvorgänge zur Zusammenführung mehrerer Lose in eine gemeinsamen Kassette unterstützen. Die Anzahl unproduktiver Scheiben (Füllscheiben) muß minimiert werden.

- **Eignung für Losgrößen ab 1 Scheibe**
  Das Verfahren muß geeignet sein, auch Lose mit nur 1 Scheibe durch Mischlosbildung in weitgehend gefüllten Kassetten zu prozessieren. Die Vorschriften zur Mischlosbildung müssen auf Einzelscheibenebene operieren.

- **Erfassung der Monitorscheiben**
  Das Verfahren muß geeignet sein, die Zu- und Abführung von Monitorscheiben in Lose oder Mischlose koordiniert durchzuführen und die Monitorscheiben korrekt zu verfolgen.

- **Transparenz der Mischlosinhalte**
  Das Verfahren soll bei Bildung, Bearbeitung und Trennung von Mischlosen die Transparenz der Vorgänge und der aktuellen Mischloszusammensetzung für den Werker unterstützen.

- **Ausschluß von Fehlprozessierungen**
  Aufgrund der höheren Komplexität der Bearbeitung von Mischlosen mit verschiedenen enthaltenen Produkten muß das Verfahren geeignete Schritte beinhalten, die Fehlprozessierungen ausschließen.

Anwendbarkeit des Verfahrens auf bestehende Prozeß- und Gerätetechnik

- **Anwendbar auch bei technologischen Zwangsbedingungen des Prozesses**
  Die Funktion des Verfahrens muß auch auch bei technologischen Unverträglichkeitsbedingungen von Einzelprozessen gewährleistet sein. Derartige Kriterien müssen im Verfahren berücksichtigt sein und die Mischlosbildung geeignet beeinflussen.

- **Eignung für Ofenanlagen, Naßprozeßanlagen, Vakuumgeräte und Lithographieanlagen**
  Das Verfahren muß auf die speziellen Randbedingungen der verschiedenen Gerätebauarten abstimmbar sein, deren Durchsatz gemäß den Untersuchungen in der Analyse stark losgrößenabhängig ist.

Anpaßbarkeit an bestehende Werkstattsteuerungssysteme

- **Anpaßbarkeit an bestehende Infrastrukturen in Fertigungen**
  Das Verfahren muß generell flexibel auf Randbedingungen der Losverfolgung, Fertigungssteuerung, Materialkennzeichnung und Arbeitsabläufe anpaßbar sein, um in bestehenden Fertigungen einsetzbar zu sein.

- **Anpaßbar auf den Arbeitsablauf**
  Die notwendigen Arbeitsschritte zur Mischlosbildung müssen sich in den im Kapitel <Werkstattsteuerung> "<Werkstattsteuerung>" beschriebenen Arbeitsablauf einfügen und sollen diesen ergänzen. Die Eigenverantwortlichkeit des Werkers soll erhalten bleiben.

- **Geringe Einführungszeit**
  Das Verfahren soll generell im Rahmen einiger Monate inklusive aller notwendigen gerätetechnischen und informationstechnischen Maßnahmen in bestehenden Fertigungen umsetzbar sein.

4.2 Anforderungen an ein System zur Einzelscheibenverfolgung

Ein System zur durchgängigen Unterstützung des Verfahrens auf operativer Ebene muß die zuverlässige Verfolgung der Einzelscheiben ermöglichen und die Schritte zur Mischlosbildung und -trennung unterstützen.

Verwaltung des Materials

- **Verfolgbarkeit von Scheiben (Produkte, Füllscheiben, Testscheiben)**
  Die Inhalte aller Kassetten bzw. Materialgruppierungen müssen transparent in der Fertigung verfolgbar sein. Dies betrifft sowohl die produktiven Scheiben der unterschiedlichen Produkte sowie auch die Füllscheiben und Testscheiben. Zu jedem Zeitpunkt muß der jeweilige Inhalt einer Kassette transparent abrufbar sein, bzw. eine Scheibe bezüglich ihres aktuellen Ortes lokalisierbar sein. Das System muß hierfür alle notwendigen Abbildungsvorschriften für diese Objekte und ihre Beziehungen besitzen.

- **Verfolgbarkeit von Losen Mischlosen und Chargen**
  Die Zusammensetzung der Materialgruppierungen muß transparent verfolgbar sein. Zu jeder Zeit muß die Zusammensetzung von Mischlosen und Chargen aus generischen Losen abrufbar sein. Die Historie von Materialgruppen von der Bildung bis zur Auflösung muß dauerhaft nachvollziehbar sein.

Vermeidung von Verwechselungen

- **Gesicherte automatische Identifikation**
  Das System zur Einzelscheibenverfolgung muß durchgängig automatische Identifikationsverfahren für Material und Materialgruppen verwenden.

- **Gesicherte Materialverfolgung, Validierung geplanter Prozeßschritte**
  Die Einzelscheibenverfolgung muß die Verwechslungen von Scheiben ungeachtet der wechselnden Materialgruppierungen absolut ausschließen. Dies erfordert geeignete systemtechnische Maßnahmen besonders bei der Bildung und Trennung der Mischlose.
  Für alle zu prozessierenden Scheiben einer Materialgruppe muß vor einer geplanten Bearbeitung eine Prüfung der Korrektheit erfolgen.

- **Rückverfolgbarkeit von Umhordungen**
  Der Lebenszyklus einer produktiven Scheibe muß über den Verbleib in verschiedenen Mischlosen hinweg rückverfolgbar sein. Die Historie muß zusätzlich zu der Information, wann eine Scheibe in welchem Gerät mit welchen Prozeßprogrammen bearbeitet wurde, auch beinhalten, welche weiteren Scheiben oder Lose mit prozessiert wurden.

Anpaßbarkeit an bestehende Fertigungen

- **Anpaßbar an alle Gerätetypen**
  Das System zur Einzelscheibenverfolgung muß eine geeignete informationstechnische Unterstützung zur Mischlosbearbeitung in allen untersuchten Gerätetypen bieten.
  Im Rahmen der Schnittstellenfunktionen am Gerät müssen Scheiben auch innerhalb

der Geräte verfolgt werden, um einzelscheibenrelevante Ereignisse bei Bedarf erfassen zu können. Diese Forderung beinhaltet die Forderung nach Kompatibilität des Systems zur Einzelscheibenverfolgung mit den Schnittstellenfunktionen gängiger Gerätetypen.

- **Anpaßbarkeit an Werkstattsteuerungssysteme**
  Das System zur Einzelscheibenverfolgung muß eine Schnittstelle aufweisen, die die üblichen Buchungen zur Werkstattsteuerung (Ein-/Ausbuchen von Losen an Geräten) unterstützt bzw. die für die Mischlosverfolgung auf operativer Ebene notwendigen Daten (Arbeitspläne, Losdaten) von dort abruft.

- **Anpaßbare Bedienerführung**
  Der Werker soll während der Planung, Bildung, Verfolgung und Trennung der Mischlose mit Hilfe geeigneter Informationssysteme unterstützt werden. Diese Unterstützung soll arbeitsplatzspezifisch anpaßbar sein.

- **Eignung für verschiedene Transporthilfsmittel**
  Die Einzelscheibenverfolgung muß unabhängig von den Merkmalen verschiedener Transporthilfsmittel arbeiten bzw. an diese Merkmale anpaßbar sein. Die verwechslungsfreie Verfolgung der Transporthilfsmittel und der enthaltenen Scheiben muß sowohl bei offenen Kassetten, bei manuell bedienbaren Boxen wie auch den automatisierungsgerechten SMIF Boxen gewährleistet sein.

Systemtechnische Merkmale

- **Geeignet für den ununterbrochenen Betrieb**
  Die Einzelscheibenverfolgung muß derzeit bekannte systemtechnische Ansätze für den Betrieb mit Laufkarten als Hilfsmittel bei Ausfall der zentralen EDV integrieren.

- **Automatisierung des Verfahrensablaufes**
  Die Schritte der Mischlosbildung/-bearbeitung und -trennung sollen automatisiert ausgeführt werden oder - bei Tätigkeiten in der Eigenverantwortung des Werkers - informationstechnisch unterstützt sein.

- **Automatisierung der Umhordeprozeduren**
  Die Umhordungen von Scheiben in/aus Mischlosen soll automatisiert ablaufen.

5 Konzeption eines Verfahrens zur Mischlosbildung

Auf der Basis der in Kapitel 4 ermittelten Anforderungen werden ausgehend von den jeweiligen Grenzfällen Lösungsalternativen konzipiert, die geeignete Lösungswege darstellen. Für die Bewertung von Varianten werden die ermittelten Anforderungen als Bewertungskriterien herangezogen.

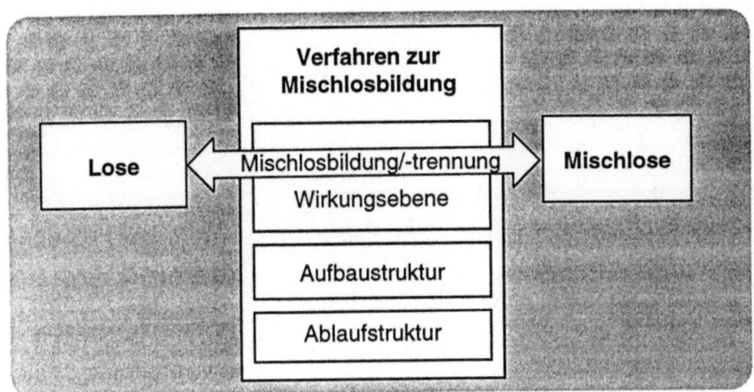

Bild 16   Betrachtungsebenen der Konzeption

Die Konzeption des Verfahrens zur Mischlosverwaltung erfolgt auf mehreren Ebenen. Mit Hilfe einer wirkungsbezogenen Betrachtungsweise werden Arbeitsprinzip und die grundlegende Funktionsweise des Verfahrens erarbeitet. In der weiteren Konzeption werden auf der Basis einer strukturorientierten Betrachtungsweise der Verfahrensablauf (Ablaufstruktur) sowie die grundlegenden Systemkomponenten (Objekte) und ihre Beziehungen (Aufbaustruktur) herausgearbeitet.

5.1 Modellierung der operativen Ebene

5.1.1 Modell des Loses

Ein Los in der Halbleiterfertigung besteht physikalisch aus den Scheiben, den Kassetten und den daran angebrachten Loskennungen und Laufkarten. Wesentlich für die weitere Betrachtung ist die Art der Bindung des Loses an die Transporthilfsmittel, wobei Transporthilfsmittel in diesem Fall offene Kassetten oder kombinierte Kassetten-Boxen-Systeme darstellen können.

Bild 17 zeigt die physikalischen und informationstechnischen Bestandteile eines Loses.

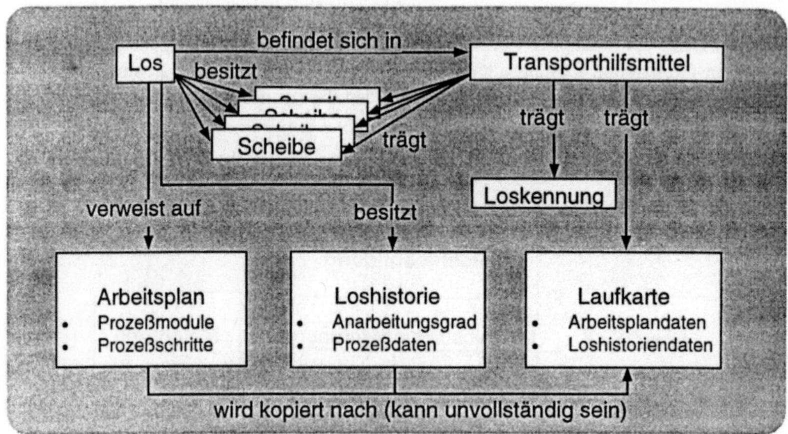

Bild 17   Abstrakte Losdefinition für die Konzeption

Neben der physikalischen Bindung (Kassette als ständiger Werkstückträger) ist die informationstechnische Korrelation wichtig. Box bzw. Kassette tragen die Loskennung und Laufkarte, deren Inhalt jederzeit mit den elektronischen Aufzeichnungen des Arbeitsplanes und der Loshistorie korrelierbar sein muß. Diese Forderung bindet die Scheiben eng an ihre Kassetten bzw. Boxen.

5.1.2   Fertigungsgerät

Für die weitere Betrachtung ist die Modellierung der für den Durchsatz relevanten Eigenschaften des Gerätes notwendig. Das Verhalten der jeweiligen Gerätetypen bezüglich des Materialflusses läßt sich mit Hilfe der Formel für die Auftragszeit zur Bearbeitung eines Loses in Abhängigkeit von der Losgröße beschreiben. Der Verteilzeitanteil, der in der Praxis als prozentualer Aufschlag auf die anderen Zeitanteile gehandhabt wird, ist die anlagenorientierte Betrachtung ohne Belang und wird deshalb aus der Betrachtung ausgeklammert.

Bild 18 zeigt die in der weiteren Arbeit verwendeten Gerätemodelle. Die Zeitanteile werden auf die Bearbeitung eines Loses bezogen. Neu an der Strukturierung der Bestandteile der Auftragszeit ist die Einführung der Ein-/Ausschleuszeit, die aufgrund des erheblichen Anteiles an der Auftragszeit bei Geräten mit Vakuumatmosphäre berücksichtigt werden soll.

Gerätetyp	Rüst-zeit	Nebenzeit		Hauptzeit (Prozeß)	Gerätemodell für die weitere Arbeit
		Ein-/ Aus-schleusen	Handha-bung		
Ofen mit interner Kassettenumhordung Naßbank mit interner Kassettenumhordung	konstant	-	konstant	konstant	Chargenprozeß-gerät
Ofen mit interner Einzelscheiben-umhordung Naßbank mit interner Einzelscheiben-umhordung	konstant	-	Anteil konstant+ proportional zur LG	konstant	Chargenprozeß-gerät mit Option Einzelscheiben-handhabung
Lithographieanlage (Be-lacker, Belichter, Ent-wickler)	konstant	-	proportional zur LG	Anteil konstant+ proportional zur LG	direktverkettete Gerätegruppe
Plasmaätzer, Implanter, Sputteranlage, Epitaxie, Niederdruckabscheidung	konstant	konstant	proportional zur LG	proportional zur LG	Standardgerät mit Option Spezial-atmosphäre
Clusteranlage von Plas-maätzern, Abscheidung	konstant	konstant	proportional zur LG	Anteil konstant+ proportional zur LG	direktverkettete Gerätegruppe mit Option Spezial-atmosphäre
Inspektionsgerät	konstant	-	proportional zur LG	proportional zur LG	Standardgerät
LG Losgröße in den beladenen Kassetten					

Bild 18   Modellierung der Geräte nach der Struktur der Auftragszeit für ein Los

Anhand der Merkmale der Zeitanteile kann für jedes Gerätemodell eine allgemeingültige Formel für die Auftragszeit aufgestellt werden. In den Formeln 1 bis 4 ist die Vorschrift für die Berechnung der jeweiligen Auftragszeit in Abhängigkeit von der Losgröße und anderen für den Durchsatz relevanten Parametern dargestellt.

Standardgerät

$$t_{Az} = t_{Rz} + \left(t_{NzS} + t_{Hz} \right) * LG \tag{1}$$

mit t_{Az} Auftragszeit, t_{Rz} Rüstzeit, t_{NzS} Nebenzeit zur Scheibenhandhabung, t_{Hz} Hauptzeit (Prozeß) und LG Losgröße.

Chargenprozeßgerät (mit/ohne Option Einzelscheibenhandhabung)

$$t_{Az} = t_{Rz} + \sum_{p=1}^{n} \left(\left(t_{Nz\,K} + t_{Nz\,S} * LG \right) * L + t_{Hz} \right) \qquad (2)$$

mit p Prozeßstation, n Summe der Prozeßstationen einer Anlage, $t_{Nz\,K}$ Nebenzeit Kassettenhandhabung, L Anzahl der Lose in einer Charge
(bei fehlender Einzelscheibenhandhabung ist $t_{Nz\,S} = 0$).

Direktverkettete Gerätegruppe

$$(3)$$

$$t_{Az} = t_{Rz} + \sum_{p=1}^{n} \left(t_{Nz\,S} + t_{Hz} \right) + \left(t_{Nz\,S} + t_{Hz_{max}} \right) * \left(LG - 1 \right)$$

mit $t_{Hz\,max}$ größte Hauptzeit aller Prozeßstationen der Gerätegruppe.

Option Spezialatmosphäre

$$t_{Az} = t_{Az_{Gerät}} + t_{Nz\,E/A} \qquad (4)$$

mit t_{Az} Gerät Hauptzeit ohne Option Spezialatmosphäre, und
$T_{Nz\,E/A}$ Nebenzeit Ein-/Ausschleusen.

Die quantitative Darstellung der Rüstzeiten bezieht sich auf Produktionsgeräte, bei denen heute Rüstvorgänge durchgängig mit Hilfe zu ladender Programme durchgeführt werden, und nicht auf physikalische Umbauten, wie dies teilweise bei älteren Geräten noch notwendig ist. Die Rüstzeiten beziehen sich auf Standardumrüstungen in Produktionsumgebungen und nicht auf Umbauten eines Gerätes zur Nutzung für einen anderen Typ von Einzelprozessen. In Laborumgebungen oder wird dieser Umbau teilweise durchgeführt, weil nicht für alle Einzelprozeßtypen mindestens ein Gerät zur Verfügung steht.

Anhand der Gerätemodelle können Konzepte zur Erhöhung des Gerätedurchsatzes quantitativ bewertet werden. Bezüglich der Eignung von Konzepten für Ofenanlagen und Naßprozeßgeräten soll vorwiegend die Formel für Chargenprozeßgeräte ohne Einzelscheibenhandhabung angewendet werden, da diese Option bei den heute existierenden Geräten dieser Typen die Ausnahme darstellt. Bezüglich der Bewertung von Konzepten für die Eignung für Vakuumgeräte wird die Formel für Standardgeräte mit Option der Spezialatmosphäre angewendet. Die spezielle Bauform dieser Anlagen als direktverkettete Gerätegruppe (engl.: Cluster) weicht in der Prozeßzeit von dieser Formel ab, in der Praxis ist diese Abweichung jedoch aufgrund der quantitativen Zeitanteile gering.

5.1.3 Arbeitsablauf am Fertigungsgerät

Für die Betrachtung des Arbeitsablaufes für einen einzelnen Prozeßschritt an einem Gerät soll der in Bild 19 dargestellte vereinfachter Ablauf durch Zusammenfassung von Teilschritte zugrunde gelegt werden.

Teilschritte eines Prozeßschrittes (1)	Bezeichnung im Rahmen der weiteren Arbeit
Dispositionsalgorithmus der Werkstattsteuerung	Losauswahl
Auswahl der nächsten zu prozessierenden Lose	
Bereitstellung Fertigungshilfsmittel	Bereitstellung Material
Bereitstellung des Loses	
Einbringen Monitor-/Füllscheibe(n)	
Einbuchen des Loses (der Lose)	Einbuchen
Lesen von Rüst-/Fertigungsvorschriften	Rüsten
Rüsten des Gerätes	
Beladen des Gerätes	Bearbeitungsprozeß
Bearbeitungsprozeß	
Entladen des Gerätes	
Entfernen Monitor-/Füllscheibe(n)	
gegebenenfalls Beurteilung des Prozeßergebnisses	Inspektion
Ausbuchen des Loses	Ausbuchen
Lose abtransportieren	Transport
(1) nach Bild 6	

Bild 19   Modell des Arbeitsablaufes am Fertigungsgerät

Mit Hilfe der verallgemeinerten Darstellung können im folgenden alle Gerätetypen einheitlich betrachtet werden. Gerätespezifische Besonderheiten innerhalb der einzelnen Teilschritte müssen nur dann gesondert untersucht werden, wenn hierbei Abweichungen vom Gesamtablauf oder wesentliche Wechselwirkungen auftreten.

5.1.4 Randbedingungen für die Bewertung des Nutzens

Wesentliche Anforderungen betreffen die Verbesserung der Auslastung der Fertigungsgeräte. Die Bewertung von Lösungsvarianten bezüglich dieser Anforderungen muß unter standardisierten Randbedingungen erfolgen, wobei Störeinflüsse außerhalb des Systems Gerät - Los - Arbeitsablauf am Gerät hierbei für die Konzeption des Verfahrens ausgegrenzt werden. Für die folgende Konzeption werden daher folgende Parameter standardisiert:

- Das Verfahren setzt an der Erhöhung der Anzahl produktiver Scheiben im Prozeß an. Die weitere Betrachtung beschränkt sich daher auf den verfügbaren Anteil der Gerätebetriebszeit und grenzt arbeitsfreie Zeit, Wartung, Instandhaltung oder Störungen aus.

- Die Werkstattsteuerung stellt zu jeder Zeit Produkte und sonstige notwendige Resourcen (Bediener, Werkzeuge) zur Bearbeitung an den Geräten bereit. Wartezeiten des Gerätes aufgrund fehlenden Materials oder Resourcen werden ebenfalls ausgegrenzt.

- Hauptzeiten, Rüstzeiten und Nebenzeiten wurden als Durchschnittswerte auf der Basis heute gängiger Standardgeräte angesetzt. Als Datengrundlage für die Dauer der Einzelprozeßschritte werden die Bearbeitungszeiten für einen exemplarischen CMOS Gesamtprozeß (siehe auch Bilder 2 und 8) verwendet.

In realen Fertigungen variieren insbesondere die Verfügbarkeit der Geräte und die Verfügbarkeit von Material und sonstigen Resourcen am Gerät (Effektivität der Werkstattsteuerung). Eine Betrachtung ohne diese Einflußgrößen wird im Rahmen der Konzeption daher eine relative Verbesserung der Auslastung der Geräte bezogen auf deren verfügbare Zeit bewirken.

5.2 Arbeitsprinzip der Mischlosverwaltung

5.2.1 Ein-/Ausgangsgrößen für die Mischlosbildung

Lose und Mischlose in der Halbleiterfertigung können grundsätzlich physikalisch nur als Mengen in den vorgegebenen Kassetten auftreten. Einzelne Scheiben existieren nur im internen Geräteraum, der nicht Teil der Betrachtung ist. Die Art und Weise der Zusammensetzung von Mischlosen muß daher im Zusammenhang mit den Kassetten als direkt zugeordneten Transporthilfsmitteln betrachtet werden. Die Varianten für die Mischlosstruktur können daher als Lösungsfeld zwischen der Mischloszusammensetzung aus generischen Losen und der Verteilung auf Kassetten formuliert werden.

Mischlose erster Ordnung setzen sich aus aus generischen Losen zusammen.

$$\{L\,1.1,\ L\,1.2,\ \ldots,\ L\,1.n\} \in M\,1.1$$
$$\{L\,2.1,\ L\,2.2,\ \ldots,\ L\,2.m\} \in M\,1.2 \tag{5}$$

mit L generisches Los, M 1.n Mischlos erster Ordnung.

Aus Mischlosen erster Ordnung können nach Formel 6 selbst wieder Mischlose zweiter Ordnung gegründet werden.

$$\{M1.1, M1.2, \ldots, M1.n\} \in M2.1 \tag{6}$$

mit $M\,2.n$ Mischlos zweiter Ordnung.

Die Verwaltung von Mischlosen mehrerer Ordnungen stellt erhöhte Anforderungen an die automatisierte Identifikation und die Informationstechnik, da die Zuordnung zu den generischen Losen über zwei Stufen aufgelöst werden muß. Dies gilt umso mehr, wenn nach Formel 7 zugelassen wird, daß Mischlosgruppen sowohl aus Mischlosen als auch generischen Losen bestehen können.

$$\{L2.1, L2.2, \ldots L2.n, M1.1, M1.2, \ldots, M1.m\} \in M2.1 \tag{7}$$

Mit zunehmender Ordnung nimmt die Transparenz der Schachtelung von Losen und Mischlosen für den Werker ab, da die Zusammenhänge zwischen Ursprungslosen und Mischlosen nicht mehr erkennbar sind.

Die aus einer Mischlosbildung resultierende Menge an Scheiben kann die Kapazität einer Kassette überschreiten und daher nach Formel 8 die Verteilung der Scheiben erforderlich machen.

$$\{m_1, m_2, \ldots, m_n,\} \in M \tag{8}$$

mit M Mischlos, m_k Mischlosteilmenge in einer Kassette.

Als Sonderfall kann ein Mischlos keine Untermengen haben, d.h. alle Scheiben des Mischloses befinden sich in einer gemeinsamen Kassette. Der Grad der Verteilung eines Mischloses auf Kassetten ist wie auch der Ordnungsgrad ein Einflußfaktor auf die Transparenz. In der Praxis bestehen hier komplexe Aufgabenstellungen bezüglich der verwechslungsfreien Identifikation und Inventarisierung der Scheiben und Kassetten.

Der nächste Schritt der Betrachtung beschränkt sich auf Mischlose erster und zweiter Ordnung, im folgenden Mischlose und Mischlosgruppen genannt, da die Transparenz für den Werker bereits bei Mischlosen zweiter Ordnung stark eingeschränkt ist und diese Transparenz unverzichtbar für den Einsatz in Fertigungsumgebungen ist. Sowohl Mischlose als auch Mischlosgruppen können aus 1 bis n Scheiben zusammengesetzt sein. Daher können auch 1 bis m Kassetten für die Aufnahme der Scheiben erforderlich sein. Mischlose, deren Aufnahme mehrere Kassetten erfordert, werden als verteilt bezeichnet. Bild 20 zeigt die möglichen Varianten für Mischlose in Abhängigkeit des Ordnungsgrades und der Verteilung.

Varianten für die Zuordnung von Mischlose zu Kassetten	Merkmale		
	Anzahl Mischlose	Anzahl Lose	Anzahl Kassetten
Mischlos	1	n	1
verteiltes Mischlos	1	n	m
Mischlosgruppe	n	m	1
verteilte Mischlosgruppe	n	m	k

Bild 20   *Bildung von Varianten für die Mischlosstruktur*

Wesentliche Kriterien für die Bewertung der Varianten für die Mischlosstruktur liegen in der Transparenz der Mischloszusammensetzung und des notwendigen Umhordeaufwandes. Die Verwendung von Mischlosgruppen stellt ein wesentliches Hemmnis für die Transparenz der Mischlosinhalte gegenüber dem Werker dar. Die Beschränkung auf Mischlose erster Ordnung kann erhöhte Anforderungen an die Umhordetechnik stellen. Diese Beschränkung bedeutet, daß bei der Erstellung von Mischlosen aus Mischlosen zunächst die Ausgangsmischlose getrennt und dann die Zielmischlose erstellt werden müssen. Dies bedeutet, daß technischen Einrichtungen zur Umhordung intern eine Prozedur aufweisen müssen, die diese Umhordung durch Minimierung der Handhabungsvorgänge effektiv gestaltet.

Ofenanlagen mit einer hohen Kapazität im Prozeß und langen Prozeßzeiten können mit Hilfe von Mischlosen mit einer hohen Anzahl von Scheiben optimal ausgelastet werden. Diese Mischlose müssen aufgrund der Scheibenanzahl nicht zwangsläufig auch auf mehrere Kassetten verteilt sein können. Da die Umhordung in die Prozeßkassetten intern mit Hilfe der Handhabungseinrichtungen der Ofenanlage erfolgt, ist eine für die Befüllung hinreichende Anzahl Mischlose und Lose mit hohem Kassettenfüllgrad ausreichend. Besonderer Vorteil der Zulassung von Mischlosgruppen ist die Möglichkeit, die Chargenbildung am Ofen in Form einer Mischlosgruppe abzubilden. Mit Hilfe des Verfahrens zur Mischlosbildung können dann sowohl die Aufgaben der Durchsatzsteigerung der Geräte und der kontrollierten Bildung von Chargen gelöst werden.

Gerätetypen mit überwiegender Beladung von einzelnen Kassetten können bereits mit Hilfe von Mischlosen, die auf eine Kassette beschränkt sind, ausgelastet werden. Transparenz, Ausschluß von Fehlprozessierungen und Anpaßbarkeit auf Arbeitsablauf und Fertigung können bei Beschränkung auf nicht verteilte Mischlose geringer Ordnung gut gewährleistet werden.

Bewertungskriterien	Varianten für die Mischlosstruktur			
	Mischlos	verteiltes Mischlos	Mischlos-gruppe	verteilte Mischlos-gruppe
Maximierung der Anzahl produktiver Scheiben in zu prozessierenden Kassetten	o	+	o	+
Eignung für Losgrößen ab 1 Scheibe	+	+	+	+
Transparenz der Mischlosinhalte	+	-	o	-
Ausschluß von Fehlprozessierungen	+	o	+	-
Eignung für Ofenanlagen	o	+	o	+
Eignung für Naßprozeßanlagen	+	+	+	+
Eignung für Vakuumgeräte	+	+	+	+
Eignung für Lithographieanlagen	o	o	o	o
anpaßbar an die Infrastruktur in bestehenden Fertigungen	+	o	-	-
anpaßbar an den Arbeitsablauf und die Eigenverantwortlichkeit des Werkers	+	o	-	-
geringe Einführungszeit	+	o	-	-

+ unterstützt   o neutral   - behindert   ▨ ausgewählt

Bild 21   Bewertung der Varianten für die Mischlosstruktur

Für die Bewertung der Varianten in Bild 21 zeigt, daß durch Verteilung auf mehrere Kassetten die Transparenz der Mischlosinhalte abnimmt und die Einführbarkeit in bestehende Fertigungen damit behindert wird. Vorteile verteilter Mischlose sind nur bei Chargenprozeßgeräten gegeben, da hier die Beladekapazitäten mit Hilfe einer einzigen Mischlosbildung ausgeschöpft werden können.

Die Mischlosstruktur wird auf die Verwendung von nicht verteilten Mischlosen erster Ordnung beschränkt, da hier bereits der volle Nutzen bezüglich der Durchsatzsteigerung durch Mischlosbildung erreicht wird und eine gute Transparenz gewährleistet ist. Für Geräte mit Chargenprozeß und der gemeinsamen Abarbeitung mehrerer Kassetten wird die Verwendung von verteilten Mischlosgruppen für genau einen gemeinsamen Prozeßschritt in die Betrachtung mit einbezogen. Die Chargenbildung kann auf diese Weise als Sonderfall der Mischlosbildung betrachtet werden. Verteilte Mischlose werden in der weiteren Arbeit aufgrund der eingeschränkten Verwendung nur bei Chargenprozessen dementsprechend Chargen genannt.

5.2.2 Algorithmus zur Mischlosbildung

Die Auswahl des Algorithmus für die Mischlosbildung bestimmt wesentlich den möglichen Nutzen sowie den erforderlichen informationstechnischen und gerätetechnischen Aufwand. Grundlegende Varianten der Konzeption bestehen im Einsatz

- analytischer,

- regelbasierter oder

- fallbasierter Algorithmen.

Analytischer Algorithmus

Analytisch kann die Durchsatzerhöhung durch Verwendung von Mischlosen anhand der angesetzten Formel 9 beschrieben werden. Die Erhöhung der durchschnittlichen Scheibenanzahl in den Kassetten durch Mischlosbildung wirkt sich erhöhend auf den Durchsatz aus, während der notwendige Zeitbedarf für die Umhordung senkend wirkt.

$$\Delta d = \frac{d_{Mischlos}}{d} = \frac{t_{Az}(l) * \sum_{l=1}^{L} LG_{Mischlos}(l)}{\left(t_{Az_{Mischlos}}(l) + t_{Uh_{Mischlos}}\right) * \sum_{l=1}^{L} LG(l)} \tag{9}$$

mit Δd Durchsatzänderung, l Los, LG Losgröße, d Durchsatz, t_{Az} Auftragszeit nach Formel 1 bis 4, L Gesamtzahl gemeinsam prozessierter Lose, $t_{Uh\,Mischlos}$ Zeitbedarf für die Umhordung.

Die Umhordezeit wird dann reduziert, wenn der Bestand vor dem jeweiligen Gerät hoch ist und die Umhordungen bereits während der Bearbeitung eines vorherigen Loses bzw. Mischloses begonnen oder sogar abgeschlossen werden können. Auf der Basis der Formel kann ein numerischer Algorithmus anhand der anstehenden Lose und Mischlose Varianten der Mischlosbildung aufstellen und die Variante mit der größten Durchsatzsteigerung auswählen. Für die Anwendung der Formel 9 sollte ein Schwellwert auf der Basis einer Bewertung der Risiken der Mischlosbildung bezüglich Kontamination oder Scheibenbruch festgelegt werden. Erst wenn die Durchsatzerhöhung diesen Schwellwert überschreitet, wird die Mischlosbildung als wirtschaftlich gewertet. Ein wesentlicher Mangel ist, daß prozeßtechnisch bedingte Ausschlußkriterien und Bevorzugungen von Geräten nicht vollständig abgebildet werden können, da diese Information teilweise nur als Bedienerwissen vorliegen.

Regelbasierter Algorithmus

Eine regelbasierte Beschreibung vereinfacht die notwendige Informationstechnik. Hierfür ist die Bereitstellung einer Wissenbasis mit Expertenregeln sowie eine angepaßte Vorschrift zu deren Abarbeitung notwendig. Die Regeln können modularisiert werden, d.h. prozeßtechnische Regeln und auf die Werkstattsteuerung bezogene Regeln können getrennt formuliert werden und während der Anwendung mit entsprechenden Operatoren kombiniert werden. Die Regelabarbeitung besteht in logischer Kombinatorik.

Fallbasierter Algorithmus

Das Arbeitsprinzip fallbasierter Algorithmen beruht auf dem Vergleich aktueller Daten mit gespeicherten historischen Daten auf Ähnlichkeitsmerkmale und der Schlußfolgerung auf die zu erwartenden Auswirkungen. Spezielle Realisierungsformen sind Mustervergleichsalgorithmen oder neuronale Netzwerke. Für die Anwendung zur Mischlosbildung bedeutet dies, daß für alle erforderlichen Arbeitsplätze, an denen Mischlose erstellt werden müssen, über Zugriff auf gespeicherte Spektren von anstehenden Losen und die notwendigen Auswertealgorithmen zur Bewertung der Durchsatzerhöhung verfügen müssen. Außerdem erfordert der Ansatz eine hinreichende "Trainingszeit des Systems" sowie stabile Randbedingungen, da bei geänderten Randbedingungen der Vergleich mit gespeicherten Losspektren keine Aussage liefert.

Bewertungskriterien	Varianten für den Algorithmus		
	analytisch	regelbasiert	fallbasiert
Maximierung der produktiven Scheibenanzahl in zu prozessierenden Kassetten	+	o	o
Eignung für Losgrößen ab einer Scheibe	o	+	-
Transparenz der Mischlosinhalte	o	+	-
anwendbar auch bei technologischen Zwangsbedingungen des Prozesses	-	+	o
Ausschluß von Fehlprozessierungen	+	+	o
anpaßbar an die Infrastruktur in bestehenden Fertigungen	o	+	o
anpaßbar an den Arbeitsablauf und die Eigenverantwortlichkeit des Werkers	o	+	o
geringe Einführungszeit	+	+	-

+ unterstützt   o neutral   - behindert   [▨] ausgewählt

Bild 22   Bewertung der Varianten für den Algorithmus zur Mischlosgründung

Wesentliches Merkmal numerischer Algorithmen ist die Möglichkeit der Berechnung des absoluten Maximums, wobei hierfür alle möglichen Kombinationen von Mischlosen aus den wartenden Losen vor einer Maschine durchgerechnet werden müssen. Deshalb können auf diese Weise die Aufgaben der Maximierung der produktiven Scheiben, Einsparung von Füllscheiben und Umhordevorgänge ohne Einschränkung gelöst werden. Regelbasierte und fallbasierte Ansätze sind von der Qualität des gespeicherten Expertenwissens bzw. Erfahrungswissens bei der Lösungsfindung abhängig.

Erhebliche Einschränkungen weist der numerische Ansatz bezüglich der Transparenz für den Bediener und der ständigen Anpassung an wechselnde technologische Randbedingungen der Prozesse auf. Diese Kriterien sind nicht vollständig analytisch formulierbar. Die Berechnung des Durchsatzmaximums kann deshalb Lösungen ergeben, die aufgrund aktueller Wünsche der Experten an den Prozeß oder die Prozeßfolge an der Maschine unerwünscht sind. Der fallbasierte Ansatz ist ebenfalls durch geringe Transparenz der Lösungsfindung für den Bediener gekennzeichnet. Der Algorithmus muß an jedem Arbeitsplatz zu Beginn und nach jeder Änderung der Betriebsmittelumgebung eine Lernphase durchlaufen. Dies schränkt die Einsetzbarkeit in bestehenden Fertigungen und die schnelle Umsetzung der Lösung ein.

Der regelbasierte Ansatz kann nur ein relatives Maximum für die Lösung bezüglich der Kriterien der produktiven Scheibenzahl und der Füllscheiben zu ermitteln. Die Transparenz für den Werker, die schnelle Einführung und die Anpaßbarkeit auf den Arbeitsplatz sind sehr gut unterstützt, da im wesentlichen der Entscheidungsprozeß des Werkers abgebildet und maschinell verbessert wird. Die Unterstützung komplexer Aufgaben der Mischlosbildung kann aufgrund des Näherungscharakters des regelbasierten Ansatzes effektiv in der Fertigung gewährleistet werden. Basis der weiteren Arbeit soll der regelbasierte Ansatz sein, um die Integrierbarkeit und Anwendbarkeit in der Fertigung sicherzustellen. Formel 9 des analytischen Ansatzes soll in Grenzfällen, in denen Regeln keine Aussage über die Wirtschaftlichkeit einer Mischlosbildung geben können, ergänzend als objektive Bewertungsbasis verwendet werden.

5.2.3 Basisregelsystem für die Mischlosgründung

Mögliche Regeln für die Mischlosgründung können sich an der Struktur des Prozesses oder der Struktur der Fertigung (Bereiche, Geräte) orientieren. Wenn Lose, die den gleichen Gesamtprozeß besitzen und zum gleichen Prozeßschritt und daher gleichen Anarbeitungsgrad an einem Gerät zusammentreffen kann z.B. die Regel "gleicher Gesamtprozeß" formuliert werden. Wesentlich für die Auswahl der Regeln ist die Berücksichtigung gegenseitiger Abhängigkeiten. Prozeßschritte werden immer mit konkreten Gerätetypen in konkreten Fertigungsbereichen realisiert. Daher können prozeßorientierte Regeln und räumlich bzw. gerätetechnisch orientierte Regeln Abhängigkeiten beinhalten. Der Beginn der Basisscheibenfertigung oder der Metallisierung sind Sonderfälle des Beginns eines neuen Prozeßmoduls bzw. Gesamtprozesses. Die Mischlosgründung vor einem nächsten gemeinsamen Chargenprozeßgerät oder Naßprozeßgerät ist jeweils ein Sonderfall der Betrachtung eines nächsten gemeinsamen Prozeßschrittes. Daher werden diese Regeln nicht gesondert weiterbetrachtet.

Der Nutzen einer Mischlosbildung ist gemäß Formel 9 wesentlich von der durch die Mischlosbildung erzielten Erhöhung der Scheibenmenge in den Kassetten und der benötigten Zeit für die Umhordungen abhängig. Bezogen auf die aufgestellten Regeln bedeutet dies, daß neben der Verdichtung der Scheiben in den Kassetten die Reichweite der Mischlosbildung über die weiteren Prozeßschritte als Kenngröße für die Bewertung geeignet ist. Da die erzielbare Verdichtung produktiver Scheiben in den zu prozessierenden Kassetten vom anstehenden Losspektrum abhängt, kann für die Bewertung von Regeln nur die erzielbare Reichweite herangezogen werden.

In Bild 23 sind die abgeleiteten Regeln zur Mischlosbildung dargestellt. Beide Gruppen, prozeßorientierte und bereichsorientierte Regeln, sind bezüglich der Reichweite einer möglichen Mischlosbildung (mögliche Lebensdauer eines Mischloses) sortiert.

Regelklasse	Varianten für Regeln zur Mischlosbildung	Reichweite
prozeßorientierte Regeln	gleiches Produkt und gleicher Anarbeitungsgrad	hoch
	gleicher Gesamtprozeß	
	gleicher Metallisierungsprozeß	mittel
	gleiches nächstes Prozeßmodul	
	gleicher nächster Prozeßschritt	niedrig
bereichsorientierte Regeln	vor Eintritt in die Fertigung	hoch
	gleicher nächster Fertigungsbereich	mittel
	gleiches nächstes Vakuumgerät	
	gleiches nächstes Gerät mit Chargenprozeß	niedrig
	gleiche nächste direktverkettete Gerätegruppe	

Bild 23   Varianten für die Regeln zur Mischlosgründung

Regeln zur Erzielung einer hohen Reichweite

Die Mischlosbildung wird zur Maximierung der Reichweite mit erster Priorität im Fall gleicher Produkte bzw. Gesamtprozesse mit gleichem Anarbeitungsgrad durchgeführt. Hierbei werden Lose für die gesamte Restlaufzeit zusammengeführt. Im Sonderfall der Mischlosbildung am Beginn der Fertigung erfolgt die Mischlosbildung daher einmalig für den gesamten Fertigungsdurchlauf. Die Mischlosgründung bei Eintritt in einen gemeinsamen nächsten Fertigungsbereich ist als Regel nicht notwendig. Haben Lose gemeinsame Eigenschaften, die für die Mischlosbildung relevant sind, sind diese bereits in den anderen Regeln enthalten.

Regeln zur Erzielung einer mittleren Reichweite

Vor Beginn eines nächsten gemeinsamen Prozeßmoduls wird mit zweiter Priorität gemischt. Hier können Lose für je nach Prozeßmodul ca. 10 bis 20 Prozeßschritte mit dem Aufwand nur einer Mischlosgründung zusammengelegt werden. Da die Durchlaufzeit durch ein Prozeßmodul im Bereich von einem bis wenigen Tagen liegt, muß hier keine Gegenprüfung bezüglich der notwendigen Umhordezeit erfolgen, da diese je nach Ausführung der technischen Einrichtungen im Bereich von einigen Minuten liegt.

Regeln zur Erzielung einer niedrigen Reichweite

Die Zusammenlegung für einen gleichen nächsten Prozeßschritt hat gegenüber den anderen Regeln ein ungünstigeres Verhältnis von notwendigen Umhordevorgängen zu gewonnener Auslastung. Der Zeitbedarf für die Umhordung zu Mischlosen liegt im Bereich von Minuten. Da die Auftragszeit mehrerer Einzelprozesse ebenfalls im Minutenbereich liegt, muß fallweise durch Anwendung der Formel für die Durchsatzerhöhung (Formel 9) über den Nutzen einer Mischlosbildung entschieden werden.

In Bild 24 ist das konzipierte Regelwerk zusammengefaßt. Da sämtliche heute vorkommenden Gerätetypen mit Hilfe der verwendeten Modelle (nach 5.1.2) abgebildet sind und prozeßtechnische Randbedingungen berücksichtigt werden, ist das Regelwerk uneingeschränkt anwendbar. Je nach Ausprägung der Fertigung bezüglich Produktspektrum und Geräteausstattung werden die verschiedenen Regeln aber unterschiedlich häufig greifen. Die absolut gemessene Durchsatzverbesserung wird daher in der Praxis verschieden sein.

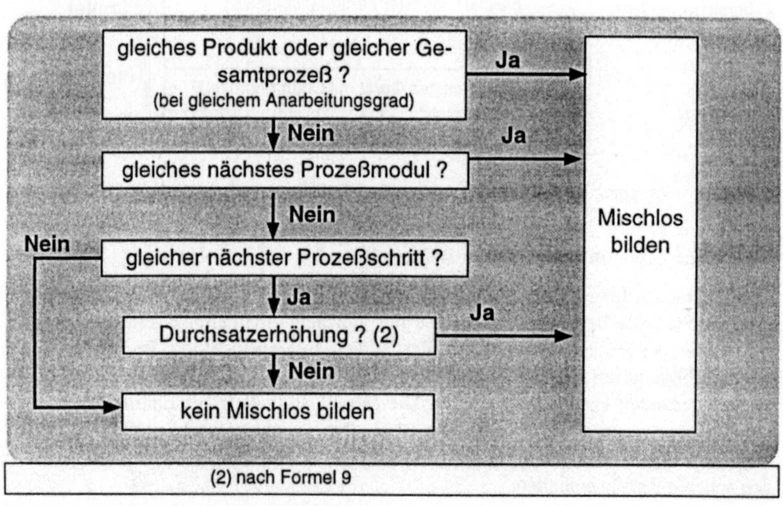

Bild 24   Regelwerk zur Mischlosgründung

5.2.4   Basisregelsystem für die Mischlostrennung

Die Varianten für die Regeln zur Mischlostrennung werden nach Bild 25 analog zur Mischlosgründung unter prozeßorientierten und gerätetechnisch orientierten Betrachtungsweisen aufgestellt. Die Mischlostrennung kann bezogen auf den Prozeß nach jedem Prozeßschritt bewertet werden. In der Durchführung kann dies zeitlich nach dem Prozeßende und Entladen des Gerätes oder nach Transport und Zwischenlagerung sein.

Wesentliche Bedeutung hat die Unterscheidung von "ungleichem nächsten Prozeßschritt" und "inkompatiblen prozeßtechnischen Randbedingungen". Dies bedeutet, daß die Lose eines Mischloses nicht nur dann getrennt werden müssen, wenn der nächste Prozeßschritt unterschiedlich ist, sondern auch dann, wenn spezielle Randbedingungen wie Sonderformen der statistischen Prozeßkontrolle oder Stichprobengrößen für die Prozeßdatenerfassung unvereinbar sind.

Regelklasse		Varianten für Regeln zur Mischlostrennung
prozeßorientierte Regeln	ungleiches nächstes Prozeßmodul	ungleiches nächstes Prozeßmodul
		getrennte Nacharbeitsschritte erforderlich
	inkompatibler nächster Prozeßschritt	ungleicher nächster Prozeßschritt
		inkompatible prozeßtechnische Randbedingungen
bereichsorientierte Regeln	verschiedenes nächstes Gerät	verschiedenes nächstes Vakuumgerät
		verschiedenes nächstes sonstiges Gerät

Bild 25   Varianten für Regeln zur Mischlostrennung

Müssen Mischlose aufgrund anderer Prozeßschritte in nachfolgenden Prozeßmodulen getrennt werden, ist dies ein Sonderfall der Regel "inkompatibler nächster Prozeßschritt". Die Notwendigkeit einer getrennten Nacharbeit für die Lose eines Mischloses ist auch als Sonderfall des inkompatiblen nächsten Prozeßschrittes zu verstehen.

Die Abhängigkeiten der Regeln untereinander beschränken die weitere Betrachtung auf zwei Regeln:

- ungleicher nächster Prozeßschritt

- inkompatibler nächster Prozeßschritt beim nächsten Vakuumgerät

Die Vakuumgeräte müssen getrennt betrachtet werden, da es Geräte gibt, bei denen ein Mischlos gemeinsam weiterbearbeitet werden kann, auch wenn die Scheiben ungleiche, aber prozeßtechnisch kompatible nächste Prozeßschritte benötigen. Diese Geräte rüsten die Prozeßkammern innerhalb der Zeit zwischen der Entladung einer Scheibe und der Beladung mit der nächsten Scheibe um, sofern die Umrüstung auf das Laden von Prozeßrezeptdaten beschränkt ist. Die Regeln zur Mischlostrennung müssen nach jedem Prozeßschritt eines Mischloses angewendet werden, um die Zulässigkeit der weiteren gemeinsamen Bearbeitung der Lose des Mischloses zu überprüfen.

5.3   Aufbaustruktur des Verfahrens zur Mischlosbildung

5.3.1   Abbildung der Mischlose

Die Abbildung der Mischlose ist eine wesentliche Voraussetzung für die weitere Konzeption der Aufbaustruktur. Konventionelle Lose bestehen aus Material (Scheiben), Transporthilfsmittel (Box, Kassette) und Arbeitsplan. Die Loskennung befindet sich physikalisch am Transporthilfsmittel. Bei Mischlosen muß nun eine geänderte Informationsstruktur konzipiert werden, da sich in den Transporthilfsmitteln (Kassetten oder Boxen) Scheiben mehrerer Lose befinden. Darüber hinaus muß der Umstand berücksichtigt werden, daß nahezu alle deutschen Fertigungen derzeit mit physikalischen Laufkarten als Medium für die Fortführung des Betriebes bei Ausfall der Informationstechnik arbeiten. Dies ist ein wesentlicher Einflußfaktor auf die Integrierbarkeit der Mischlosverwaltung in bestehenden Fertigungen.

Die Variantenbildung erfolgt ausgehend von der bestehenden Losdefinition aus Bild 17, die schrittweise aufgelöst werden kann. Beim **einfachen Mischlos** in Bild 26 wird lediglich das Transporthilfsmittel als Bestandteil des Loses herausgelöst und die mehrfache Zuordnung von Losen zu einem Transporthilfsmittel über das Mischlos zugelassen. Diese Variante ist daher noch eng an den bestehenden Losbegriff angelehnt.

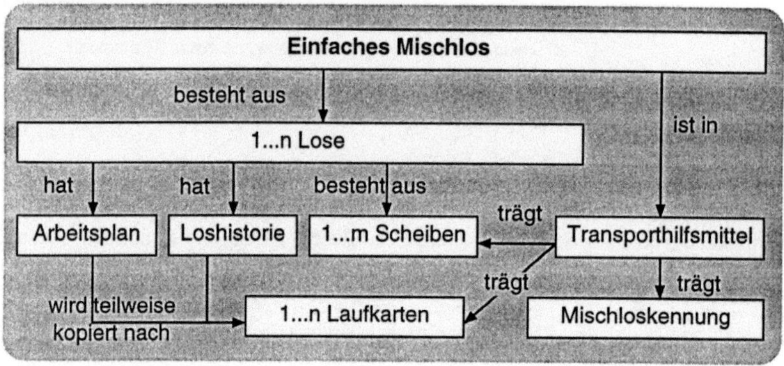

Bild 26   Mischlosabbildung durch einfaches Mischlos

Das **Mischlos mit Positionsinformation** führt das Transporthilfsmittel nicht mehr als Bestandteil der Losdefinition. Lose und Transporthilfsmittel werden über die Positionsinformation, im Fall der Kassetten die Fachnummer, und die Scheiben gekoppelt.

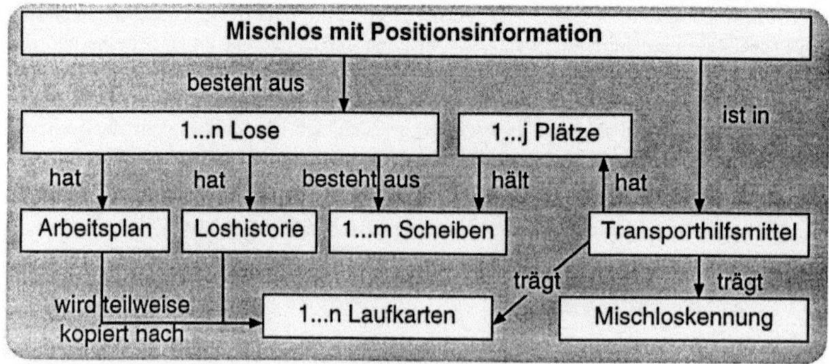

Bild 27   Mischlosabbildung durch Mischlos mit Positionsinformation

Die Variante **Mischlos aus Einzelscheiben** in Bild 28 löst die konventionelle Losverwaltung auf. Jede Scheibe wird als Los mit eigenem Arbeitsplan geführt. Daher ist die informationstechnische Struktur bei Mischlosbildung wesentlich vereinfacht. Die Kennung an einem Transporthilfsmittel kann nur noch als Kennung aufgefaßt werden und hat nicht mehr die implizite Bedeutung einer Los- oder Mischloskennung.

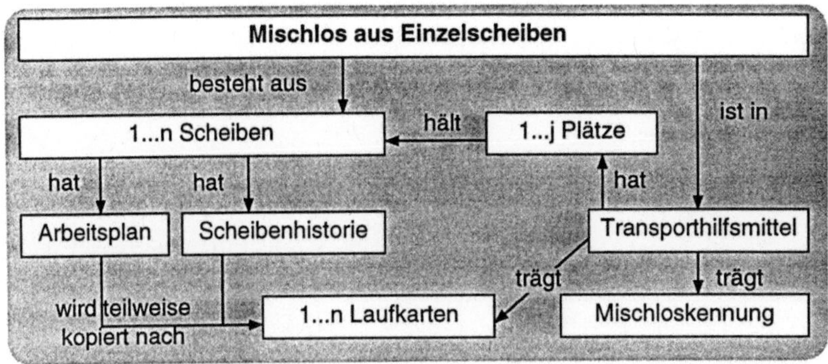

Bild 28   Mischlosabbildung durch Mischlos aus Einzelscheiben

Wesentlich für die Bewertung der Varianten ist die Erhöhung der produktiven Scheibenanzahl im Prozeß unter Berücksichtigung der jeweiligen Eignung für die verschiedenen Gerätetypen. Transparenz und Einsetzbarkeit in bestehenden Fertigungen müssen ebenso besonders berücksichtigt werden. Die Kriterien der Einsetzbarkeit in bestehenden Fertigungen mit geringer Einführungszeit und die Anpassung an bestehende Arbeitsabläufe sind mit der Nähe zur derzeit bestehenden Losdefinition erfüllt. Daher eignet sich das einfache Mischlos hier weitgehend. Die Verfolgung einzelner Scheiben wird beim einfachen Mischlos jedoch durch die fehlende informationstechnische Ortszuordnung erschwert, da Einzelscheiben nur durch physikalische Identifikation lokalisierbar sind.

Nachteile bezüglich der Einführung in bestehenden Fertigungen resultieren aus einer Verwendung des Mischloses mit Positionsinformation, da hier in der Fertigung eine getrennte Abbildung der Transporthilfsmittel aufgebaut werden muß. Zusätzliche Vorteile besitzt dieses Konzept gegenüber dem einfachen Mischlos durch die Ortsverwaltung für Einzelscheiben, da dies die Verwaltung von Einzelscheibenlosen nicht behindert sowie Vakuumgeräten und Lithographieanlagen mit einzelscheibenbezogener Prozeßrezepteinstellung unterstützt. Dies erlaubt zusätzliche Freiheitsgrade bei der Mischung anstehender Lose zu Mischlosen bzw. verlängert die Reichweite von Mischlosen, da keine Trennung aufgrund unterschiedlicher Prozeßschritte notwendig ist.

Das Konzept der Mischlose aus Einzelscheiben weist gegenüber dem Mischlos mit Positionsinformation dann Vorteile auf, wenn überwiegend Lose mit der Losgröße 1 gefertigt werden. In diesem Fall ist die Erhaltung des Loses als Strukturelement überflüssig. Demgegenüber stehen erhebliche Einschränkungen bezüglich der Einführung einer reinen Einzelscheibenverwaltung in bestehenden Fertigungen, da die Identifikationssysteme und Informationssysteme auf der Definition von Losen basieren. Eine reine

- 56 -

Einzelscheibenverwaltung würde am jeweiligen Fertigungsgerät bedeuten, daß auch einzelne Scheiben anstelle von Losen zur Bearbeitung anstehen. Dies erfordert, daß der Werker die nächsten Prozeßschritte der anstehenden Scheiben für die Mischlosbildung und die Losauswahl am Gerät berücksichtigt. Darüber hinaus muß der Werker die Buchungen zu Losbewegungen und Prozeßinformationen zu allen Scheiben überwachen, auch wenn diese prinzipiell automatisch erfolgen. Auch bei optimaler ergonomischer Gestaltung der Bedienelemente ist die resultierende Informationsmenge für den Werker schwer handhabbar. Auf der Werkstattsteuerungsebene würde die Anzahl der zu führenden Lose (Einzelscheibenlose) und der zugehörigen Arbeitspläne vervielfachen.

In Bild 29 ist die Bewertung anhand der aus den Entwicklungsschwerpunkten abgeleiteten Kriterien dargestellt.

Bewertungskriterien	Varianten für die Abbildung von Mischlosen		
	einfaches Mischlos	Mischlos mit Positionsinformation	Mischlos aus Einzelscheiben
Maximierung der produktiven Scheibenanzahl	o	+	+
Eignung für Losgrößen ab 1 Scheibe	-	o	+
Erfassung der Monitorscheiben	-	+	+
Transparenz der Mischlosinhalte	+	o	-
Eignung für Ofenanlagen	+	+	+
Eignung für Naßprozeßanlagen	+	+	+
Eignung für Vakuumgeräte	-	+	+
Eignung für Lithographieanlagen	-	+	+
einsetzbar in bestehenden Fertigungen	+	o	-
anpaßbar an Arbeitsablauf und Eigenverantwortlichkeit des Werkers	+	o	-
geringe Einführungszeit	+	o	-
+ unterstützt o neutral - behindert ▨ ausgewählt			

Bild 29   Bewertung der Abbildungsvarianten für Mischlose

Die weitere Arbeit soll auf der Variante "Mischlos mit Positionsinformation" beruhen. Dieser Ansatz bietet einerseits die notwendige Abbildungsfähigkeit, um Einzelscheiben zu verfolgen, und andererseits eine hinreichende Ähnlichkeit zu bestehenden Informationsstrukturen, um die Anpaßbarkeit an bestehende Fertigungen zu gewährleisten.

5.3.2 Abbildung von Monitorscheiben

Ausgehend von der Mischlosabbildung mit Positionsinformation zu den Scheiben besteht die besondere Aufgabenstellung bei der Abbildung von Monitorscheiben darin, daß diese temporär als Teil eines Loses oder Mischloses verwaltet werden müssen, um Inspektionen durchzuführen, die auf Produktionsscheiben technisch unmöglich oder unerwünscht sind. Diese Inspektionsergebnisse müssen nachträglich den Losen bzw. Mischlosen zugeordnet werden, zu denen die Monitorscheiben zugeordnet waren. Auch bestehen häufig zusätzliche Anforderungen bezüglich der Verwaltung von Positionsinformationen der Monitorscheiben innerhalb von Prozeßkassetten während der Bearbeitung.

Ausgehend vom Mischlos mit Positionsinformation können die Varianten für die Abbildung der Monitorscheiben gemäß Bild 30 aufgestellt werden.

Erstellung von Losen mit Monitorscheiben

Das Hinzufügen von Monitorscheiben kann über die Generierung eines neuen Mischloses abgebildet werden. Das bestehende Mischlos und die Monitorscheiben als zweites Los werden zu einem Mischlos einer höheren Ordnungsstufe vereint. Die Abbildung der Monitorscheiben erfolgt damit ohne zusätzliche Vorkehrungen mit Hilfe der bereits konzipierten Mischlosabbildung. Diese Variante stellt insofern einen Grenzfall bezüglich der Abbildung der Monitorscheiben dar, als die Monitorscheiben wie Produktionsscheiben auch als eigene Lose mit eigenen Produkttypen behandelt werden müssen.

Virtuelles Mischlos

Bei dieser Variante wird das bestehende Mischlos um die Monitorscheiben erweitert, ohne ein neues Mischlos zu erzeugen. Die bestehende Mischloskennung wird mit den Kennungen der Monitorscheiben informationstechnisch verknüpft, ohne daß sich die betreffenden Scheiben zwangsläufig auch in einem gemeinsamen Transporthilfsmittel befinden müssen. Diese Zuordnung ermöglicht es, die Monitorscheiben getrennt vom physikalischen Mischlos zu verfolgen. Die Monitorscheiben mit ihrer Mischloskennung bilden damit ein virtuelles Mischlos, da Buchungen an Geräten auf alle hierzu vermerkten Lose wirken. Diese Variante stellt damit den Grenzfall dar, bei der die Monitorscheibenabbildung rein informationstechnisch weitgehend getrennt von den Produktionsscheiben erfolgt.

Zuordnung zum Transporthilfsmittel

Die Monitorscheiben werden als generische Scheiben ohne Loszugehörigkeit verwaltet. Sie werden dem Transporthilfsmittel, in dem sich auch das zu prozessierende Mischlos befindet, über ihre jeweiligen Fächer in der Kassette zugeordnet.

Eintragung auf der Laufkarte

Die Monitorscheiben verbleiben als generische Scheiben ohne Loszugehörigkeit. Ihre

Zuordnung zum Mischlos wird über eine veränderte Mischloskennung als Kombination der ursprünglichen Mischloskennung und der Monitorscheibenkennungen gelöst. Die Information kann auf der Mischloskennung, der Laufkarte oder beiden Informationsträgern vermerkt sein.

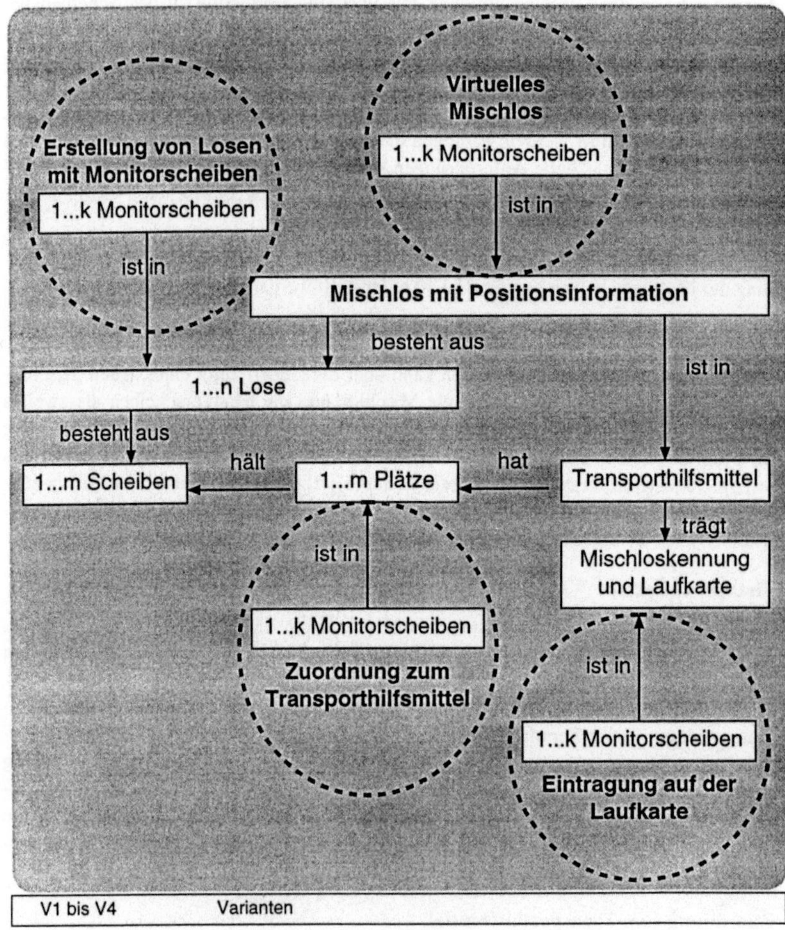

Bild 30   Varianten für die Zuordnung von Monitorscheiben

Für die Bewertung bezüglich der Kriterien der Transparenz und Vermeidung von Fehlprozessierungen ist besonders zu berücksichtigen, daß die Monitorscheiben während der nachfolgenden Inspektion bereits physikalisch vom Los oder Mischlos getrennt sind, logisch diesem jedoch zugeordnet bleiben müssen. Werden Monitorscheiben inspiziert, sollen die Inspektionsergebnisse nicht den Monitorscheiben zugeordnet werden sondern allen Losen bzw. Scheiben, die sich mit den Monitorscheiben in einem gemeinsamen Prozeß befanden. Es muß auch verhindert werden können, daß der übernächste Prozeßschritt eines Loses bereits bearbeitet werden kann, bevor der Inspektionsschritt an den Monitorscheiben durchgeführt ist. Die Ergebnisse der Inspektion können in einer notwendigen Abweichung von der geplanten Bearbeitungsfolge resultieren und eine Weiterbearbeitung der Produktionsscheiben vor der Inspektion könnte diese Ergebnisse nicht berücksichtigen.

Bewertungskriterien	Varianten für die Zuordnung der Monitorscheiben				
	Loserstellung	virtuelles Mischlos	Transporthilfsmittel	Vermerk auf Laufkarte	virtuelles Mischlos mit Laufkarte
Maximierung der produktiven Scheibenanzahl	o	+	o	+	+
Erfassung der Monitorscheiben	+	+	o	-	+
Transparenz der Mischlosinhalte	+	-	+	+	+
Ausschluß von Fehlprozessierungen	+	o	+	-	o
Kompatibilität mit technologischen Zwangsbedingungen	o	o	o	o	o
Eignung für Ofenanlagen	o	o	+	+	+
Eignung für Naßprozeßanlagen	o	+	+	+	+
Eignung für Vakuumgeräte	o	+	o	+	+
Eignung für Lithographieanlagen	o	o	o	o	o
einsetzbar in bestehenden Fertigungen	o	o	-	+	+
anpaßbar an Arbeitsablauf und Eigenverantwortlichkeit des Werkers	+	o	-	+	+
geringe Einführungszeit	+	o	o	+	+

+ unterstützt   o neutral   - behindert   ▨ ausgewählt

Bild 31   Bewertung der informationstechnischen Abbildungsvarianten für Monitorscheiben

Das wesentliche Kriterium der Verfolgbarkeit der Monitorscheiben sowohl während des Verbleibes beim Los als auch nach der Abtrennung zum Zweck der Inspektion wird von den Varianten unterstützt, die eigene Datenstrukturen für die Monitorscheiben bereitstellen. Bei der Variante Losbildung ist dies eine eigene Losdatenstruktur, beim virtuellen Mischlos eine direkte informationstechnische Verknüpfung zwischen Mischlos und Monitorscheiben.

Bild 31 zeigt, daß die Variante Loserstellung aufgrund der vollständigen Verwaltung von Monitorscheiben als Produktionsscheiben die Kriterien Einführungszeit und Anpassung an Bedienabläufe gut unterstützt sind, da keinerlei Sonderbehandlung erforderlich ist. Es müssen generische Losnummern, Arbeitspläne Kennungen bzw. Laufkarten existieren. Dieses Konzept erfordert auch die Durchführung der mit einer Mischlosbildung verbundenen Schritte bezüglich der Umhordung und Erzeugung einer neuen Kennung. Dem Einsatz in bestehenden Fertigungen stehen daher die erforderlichen Änderungen der Stammdaten gegenüber. Entweder müssen eigene Produkttypen mit zugeordneten, jedoch variablen Arbeitsplänen erzeugt werden, damit Monitorscheiben an beliebigen Prozessen teilnehmen können, oder es müssen jedesmal neue Produkttypen und Arbeitspläne erzeugt werden, wenn Monitorscheiben in einen Prozeß eingebracht werden sollen.

Das Konzept des virtuellen Mischloses erfüllt die funktionalen Anforderungen an den Einsatz in bestehenden Fertigungen sehr gut. Eine Einführung erfordert keine Umstellung der bestehenden Losverwaltung. Es ist lediglich zusätzliche Funktionalität zur Abbildung der Zuordnungen der Monitorscheibenkennungen zu den Losen und Mischlosen eines gemeinsamen Prozesses notwendig. Die Kennung eines virtuellen Mischloses hat jedoch keinen physikalischen Bezug zu den Produktionsscheiben des eigentlichen Loses oder Mischloses. Im Fall von Verwechslungen oder Störungen der Informationstechnik können daher auch nicht die Scheibennummern zur Identifikation herangezogen werden, falls Monitorscheiben nach der Trennung von den Produktionsscheiben fehlgeleitet wurden. Die Inspektion der Monitorscheiben ist jedoch eine Voraussetzung für die Weiterbearbeitung der zugehörigen Lose und Mischlose. Die Gefahr von Fehlprozessierungen besteht hierbei somit nicht, die Transparenz für den Werker durch die fehlende physikalische Zuordnung der Monitorscheiben ist jedoch unzureichend.

Die Zuordnung der Monitorscheiben über die Inventur der Transporthilfsmittel bietet für den gemeinsamen Prozeß eine informationstechnisch und physikalisch saubere Lösungsvariante. Hierbei ist es notwendig, die Inventur der betroffenen Transporthilfsmittel in Historien dauerhaft zu speichern, da nur auf diese Weise die Zuordnung der Scheiben zum gemeinsamen Prozeß rückverfolgbar bleibt. Die Verwaltung der Inventurhistorien der Transporthilfsmittel kann zusätzlich zu bestehenden Systemen in laufenden Fertigungen eingeführt werden. Dieses Konzept beinhaltet implizit auch die Positionsinformationen der Monitorscheiben im Prozeß. Problematisch ist die lückenlose weitere Zuordnung der Monitorscheiben nach der Trennung von den Produktionsscheiben, da ab diesem Zeitpunkt getrennte Transporthilfsmittel zum Einsatz kommen. Die weitere Zuordnung muß über verkoppelte Historien der Transporthilfsmittel erfolgen, bei denen die Inventuren der Transporthilfsmittel mit den Produktionsscheiben und den Monitorscheiben als resultierend aus dem gemeinsamen Prozeß verwaltet werden.

Die Variante der Zuordnung über Kennung und/oder Laufkarte erfordert die Speicherung der Los- und Mischloskennungen, der Monitorscheibenkennungen und des Verweises auf die Fahrt bzw. den gemeinsamen Prozeß am Los bzw. Mischlos. Die Kennung kann in gleicher Weise wie bei den Produktionslosen angebracht werden, d.h. als Strichcodeaufkleber mit zusätzlichen Datenfeldern oder programmierte elektronische Laufkarte. Dieses Konzept läßt sich damit mit minimalen Änderungen der informationstechnischen Infrastruktur in bestehenden Fertigungen einführen. Die Transparenz für den Bediener ist auch nach Trennung der Monitorscheiben von den Losen bzw. Mischlosen des gemeinsamen Prozesses gegeben. Die Vermeidung von Fehlprozessierungen wird bei diesem Ansatz jedoch unzureichend unterstützt, da die Produktionsscheiben nach der Trennung von den Monitorscheiben in einem anderen Fertigungsbereich möglicherweise weiterbearbeitet werden, obwohl die Inspektion an den Monitorscheiben noch nicht abgeschlossen ist. Grund hierfür ist, daß die Information über den Stand der Inspektion nur lokal an der Laufkarte verfügbar ist.

Für die weitere Betrachtung soll daher ein kombinierter Ansatz aus virtuellem Mischlos mit zusätzlicher Kennung bzw. Laufkarte gewählt werden. Beide Ansätze ergänzen sich und sind mit geringem Aufwand in bestehenden Fertigungen einführbar. Aufgrund der Transparenz der physikalisch angebrachten Kennung bzw. Laufkarte können Werker vor Ort die Zuordnungen unabhängig von der Funktion der Informationstechnik direkt beurteilen und die Monitorscheiben korrekt bearbeiten. Der Inhalt der Laufkarte besteht dabei i.d.R. in der Liste der mit den Monitorscheiben zusammen bearbeiteten Lose. Je nach Risikoeinschätzung bezüglich der notwendigen Sicherung des Betriebes bei Ausfall der EDV kann weitere Information (ausgeführtes Prozeßrezept, ausführende Maschine) hinzugefügt werden bzw. die Laufkarte bei überflüssiger Datenredundanz auch weggelassen werden. Das informationstechnisch abgebildete virtuelle Mischlos dient als Hilfsmittel zur korrekten Zuordnung der Inspektionsergebnisse zu den bereits physikalisch getrennten Produktionsscheiben und sichert damit die Lose und Mischlose gegen verfrühte Weiterbearbeitung und Fehlprozessierung.

5.4 Ablaufstruktur des Verfahrens zur Mischlosbildung

Anhand des konzipierten Arbeitsprinzips und der Aufbaustruktur auf der Basis der Regeln für die Mischlosbildung und der Abbildung der Mischlose als Losaggregationen in Transporthilfsmitteln mit Positionsinformation wird der Ablauf des Verfahrens konzipiert. Die wesentlichen Verfahrensschritte sind die Losauswahl und Mischloserstellung mit Umhordevorgang, die Bearbeitung des Mischloses, die Buchung der Prozeßinformation für die Mischlose und die Mischlostrennung.

5.4.1 Ablauf von Mischlosbildung und -trennung

Für die Variantenbildung bezüglich des Ablaufes der Mischlosbildung und -trennung ist wesentlich, ob Mischlosbildung und geplante Bearbeitung vor der Ausführung zunächst beschrieben und auf Zulässigkeit geprüft werden müssen, oder ob Konsistenzprüfungen während der Durchführung der Schritte parallel ausgeführt werden. Ebenso können Losauswahl und Mischlosbildung auf der Werkstattsteuerungsebene anhand der verwalteten Warteschlange der Lose vor einem Arbeitsplatz oder auf operativer Ebene durch den

Werker anhand der anstehenden Lose und aktueller lokaler Randbedingungen durchgeführt werden. Die Zuordnung der Mischlosbildung zu einer dieser Ebenen bedingt Unterschiede im Verfahrensablauf.

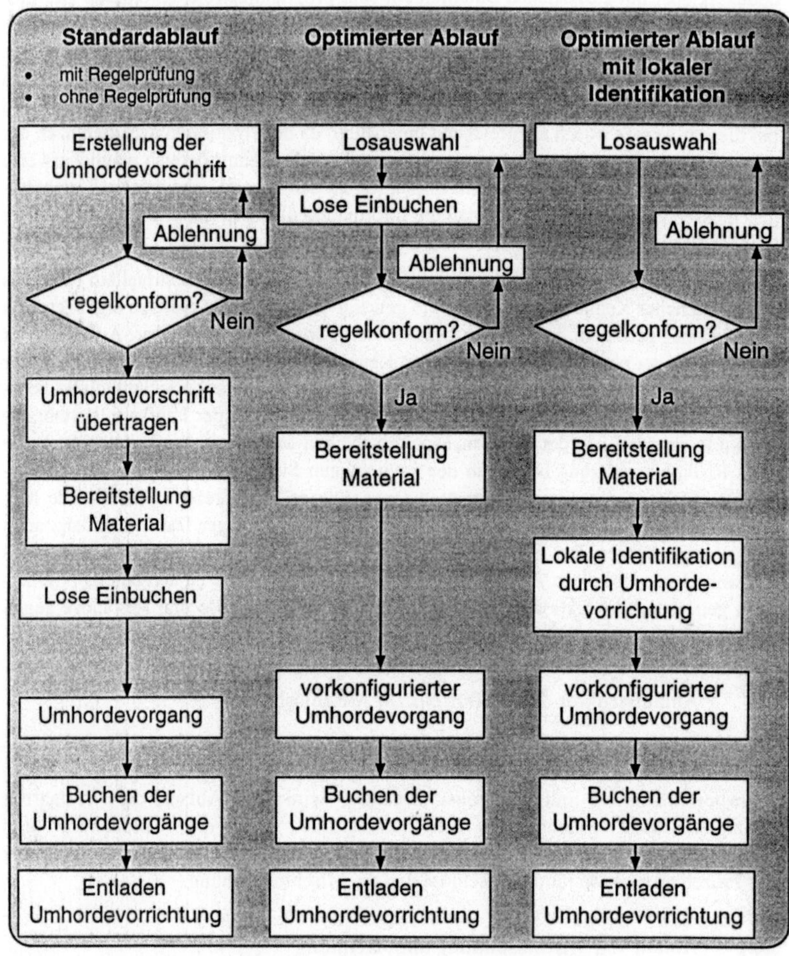

Bild 32   Varianten für den Ablauf bei Mischlosbildung und -trennung

Monitorscheiben müssen nicht gesondert betrachtet werden. Anhand der Liste der anstehenden Lose, des hierfür jeweils auszuführenden Prozesses und des Gerätetyps wird die Entscheidung über Anzahl und Ort der Monitorscheiben im zu prozessierenden Los oder Mischlos getroffen. Die Monitorscheiben werden dann vor der Umhordung wie normale

Lose an der Umhordestation eingebucht bzw. identifiziert, umgehordet und für die Aktualisierung der Inventur verbucht. Das virtuelle Mischlos wird erst nach der Trennung der Monitorscheiben als Kennung verwendet, um die Inspektionsergebnisse allen Losen des virtuellen Mischloses zuzuordnen. In Bild 32 sind die Varianten dargestellt.

Im Fall des **Standardablaufes mit Regelprüfung** wird die Umhordevorschrift zunächst erstellt. Nach Prüfung auf Regelkonformität kann diese Vorschrift in die Umhordeeinrichtungen geladen und ausgeführt werden. Der wesentliche Nutzen dieser Vorgehensweise liegt in der vorherigen Bewertung des geplanten Vorganges. Bevor Material bewegt wird, ist die für den aktuellen Zustand des Arbeitsplatzes geeignete Vorgehensweise ermittelt worden. Einschränkungen sind bei dieser Variante bezüglich der Einführung in bestehenden Fertigungen und der Integration des Bedienerwissens gegeben. Die vorherige Erstellung der Umhordevorschrift bedingt die Bereitstellung eines Informationssystems, das weitgehend interaktiv mit dem Bediener zusammenarbeitet und dessen Wissen um aktuelle bevorzugte Lose, Rüstzustände und Prozeßfolgen in den Entscheidungsprozeß integriert. Dies erfordert Maßnahmen zur Sicherstellung der Bedienerakzeptanz an den betroffenen Arbeitsplätzen sowie eine hinreichende Einführungsphase.

Die Verfahren **optimierter Ablauf** und **optimierter Ablauf mit lokaler Losidentifikation** basieren auf vordefinierten lokale Umhordeprozeduren. Diese Prozeduren setzen sich aus generischen Basisabläufen zusammen und müssen die grundlegenden Umhordevarianten berücksichtigen:

- Umhordung von 1 Kassette in n Kassetten und umgekehrt

- Verdichtung des Inhaltes einer Kassette oder Verdichtung bei der Umhordung von Kassette zu Kassette

- Füllen oder Leeren einer Kassette während der Umhordung nach vordefiniertem Muster (von oben nach unten oder umgekehrt)

- optionale automatische Inventur mit Einzelscheibenidentifikation integriert in den Handhabungsablauf

Mit Hilfe dieser parametrierbaren Prozedurbausteine können die Umhordevorschriften bis auf Sonderfälle beschrieben werden. Die Umhordevorschrift muß prinzipiell nicht mehr erstellt werden. Einschränkungen müssen hinsichtlich komplexer Umhordungen bei der Überführung mehrerer Mischlose in neue Mischlose hingenommen werden, da hier keine allgemeingültige Prozedur vordefiniert werden kann. Die Besonderheit bei der lokalen Identifikation an der Umhordestation besteht darin, daß die Mischlosbildung vollständig auf operativer Ebene abgewickelt wird. In allen anderen Fällen erfolgt eine Einbuchung in einem übergeordneten Informationssystem. Der Schritt der Mischlosbildung wird vergleichbar einem Prozeßschritt erfaßt. Die lokale Identifikation ermöglicht die Mischlosbildung als nicht erfaßten Handhabungsschritt zwischen Prozessen, wobei die Aktualisierung der Inventur durch die Buchung der Umhordevorgänge jedoch vollständig gewährleistet ist.

Bewertungskriterien	Varianten für den Ablauf von Mischlosbildung/-trennung			
	Standard mit Regelprüfung	Optimiert	Optimiert mit lokaler Identifikation	Kombination Standard/ lokale Identifikation
Maximierung der produktiven Scheibenanzahl	+	o	o	+
Kompatibilität mit technologischen Zwangsbedingungen	o	+	+	+
Eignung für Ofenanlagen	+	-	-	+
Eignung für Naßprozeßanlagen	o	o	o	o
Eignung für Vakuumgeräte	o	o	o	o
Eignung für Lithographieanlagen	o	o	o	o
Ausschluß von Fehlprozessierungen	+	+	+	+
anpaßbar an die Infrastruktur in bestehenden Fertigungen	-	o	+	+
anpaßbar an Arbeitsablauf und Eigenverantwortlichkeit des Werkers	-	+	+	+
geringe Einführungszeit	-	o	+	+

+ unterstützt   o neutral   - behindert   ▨▨▨ ausgewählt

Bild 33   Bewertung der Varianten des Ablaufs zur Mischlosgründung und -trennung

Die Bewertung in Bild 33 zeigt die sich ergänzenden Stärken der Ansätze "Standard mit Regelprüfung" und "Optimiert mit lokaler Identifikation" in der kombinierten Variante. Die Standardvariante mit Regelprüfung wird bei Chargenprozeßgeräten verwendet und stellt dort sicher, daß keine überflüssigen Losbewegungen erfolgen, da die Regelprüfung vor der Bereitstellung des Material greift. Die Nachteile dieser Variante bezüglich der Einführung der notwendigen Informationstechnik zur Durchführung der Regelprüfung am Bildschirm und der Anpassung an Bedienablauf und Infrastruktur müssen bei Chargenprozeßgeräten in Kauf genommen werden.

An Geräten, an denen keine Chargenbearbeitung durchgeführt wird, wird mit Hilfe der optimierten Variante mit lokaler Identifikation die Einführung in bestehende Fertigungen unterstützt und die Entscheidungskompetenz des Werkers genutzt. Mit Hilfe dieses Ablaufes können sowohl Mischlosbildung und -trennung wie auch die Einordnung und

Aussonderung von Monitorscheiben durchgeführt werden. Die Variante "Standardablauf ohne Regelprüfung" soll als Sonderfall für die Zusammenstellung spezieller Mischlose z.B. bei Fertigungsversuchen möglich sein. Da die Chargenprozeßgeräte, bei denen die Einführung des Standardablaufes in bestehenden Fertigungen durch den notwendigen informationstechnischen Aufwand erschwert ist, die Minderheit der Fertigungsgeräte darstellen, sind Einführbarkeit sowie die Anpaßbarkeit an den Bedienablauf bei der kombinierten Variante bezogen auf die ganze Fertigung gegeben.

Die erforderlichen Funktionen der Umhordestation und der Informationstechnik auf operativer Ebene werden im Rahmen der Entwicklung in Kapitel 6 betrachtet. Hierbei wird auch auf Sonderfunktionen zum manuellen Betrieb von Umhordeeinrichtungen eingegangen, bei dem die Handhabungsvorgänge sowie die Platzwahl für die Scheiben in den Kassetten vollständig bedienergetrieben durchgeführt werden.

5.4.2   Gesamtablauf

Anhand der erarbeiteten Abbildungsvorschriften für die Elemente des Verfahrens und des Ablaufes der Mischlosbildung und -trennung kann das bisherige Modell des Arbeitsablaufes am Fertigungsgerät um die neu konzipierten Elemente der Mischlosbildung und -trennung ergänzt werden. Bild 34 zeigt den Gesamtablauf, der unabhängig von der konkreten Ausgestaltung der Arbeitsplatzes und des Modells des Fertigungsgerätes anwendbar ist.

Die Vorgänge der Aussonderung von Monitorscheiben und der Trennung von Mischlosen bilden eine unmittelbare Sequenz und können dann in einem Arbeitsgang erfolgen, wenn die Umhordevorrichtung eine geeignete bauliche Gestaltung aufweist. Erforderlich sind sowohl ausreichende Boxen-/Kassettenplätze an der Umhordeeinrichtung wie auch eine gesonderte Absicherung, die das Absondern und Kennzeichnen der Monitorscheiben ohne Verwechslung mit Produktionsscheiben sicherstellt. Das Hinzufügen von Monitorscheiben ist gemäß 5.4.1 bereits Teil der Mischlosbildung.

Die Absonderung der Monitorscheiben als eigenes temporäres Los mit der Kennung des virtuellen Mischloses bietet gegenüber der üblichen Verfahrensweise, die Produktionsscheiben auf das Inspektionsergebnis warten zu lassen, den Vorteil, daß die Produktionsscheiben bereits den Transport zum nächsten Gerät antreten können. Da der vorhergegangene Arbeitsschritt erst dann vollständig abgeschlossen ist, wenn die Monitorscheiben inspiziert sind und das Ergebnis verbucht ist, besteht keine Gefahr, die Produktionsscheiben am nächsten Gerät verfrüht ohne Kenntnis des Ergebnisses des Vorprozesses zu bearbeiten. Die Entscheidung, die Produktionsscheiben vorab bereits zum nächsten Gerät zu transportieren, kann im Prozeßschritt als Parameter vermerkt sein und wahlweise nur dann ausgeführt werden, wenn der Prozeßschritt als robust erachtet wird und ein geringes Risiko besteht, die Scheiben zum Zweck der Nacharbeit umleiten zu müssen.

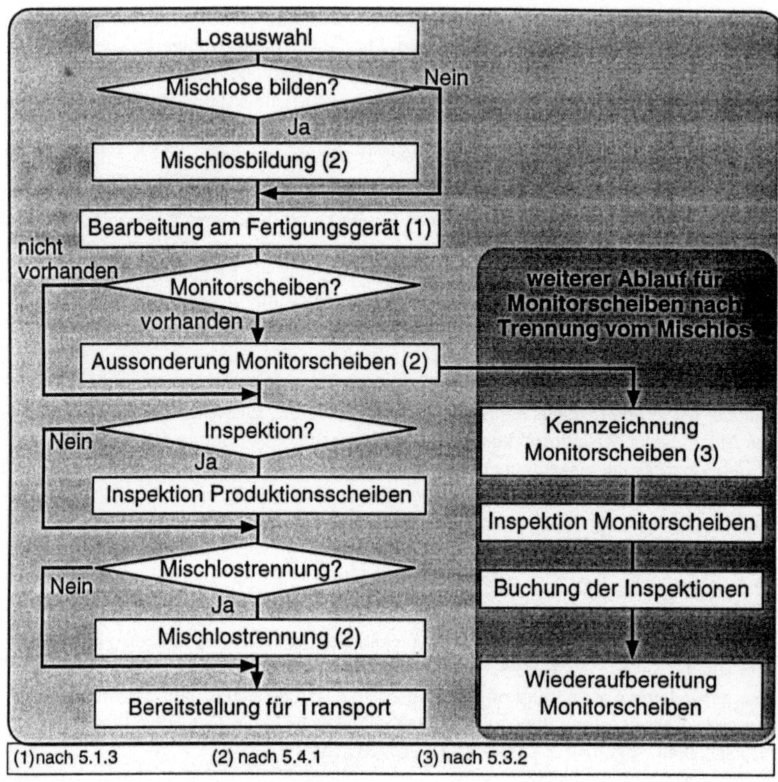

Bild 34   Ablauf des Gesamtverfahrens

5.5   Funktionale Defizite auf operativer Ebene

Anhand der Phasen des erweiterten Arbeitsablaufes am Gerät mit Mischlosbildung können gemäß Bild 35 bereits vorhandene Funktionen zugeordnet werden, wobei die mechanische und informationstechnische Unterstützung der Mischlosbildung betrachtet werden muß.

Die mechanische Durchführung der Mischlosbildung - die Umhordung von Losen - stellt ein Fehlerpotential hinsichtlich der Faktoren Kontamination, mechanische Beschädigung (Bruch, Kratzer) der Scheiben und Verwechslungsgefahr dar. Manuelle Umhordeschritte bergen alle genannten Risiken in sich. Bei der manuellen Umhordung werden Quell- und Zielkassette mit der offenen Seite unterstützt von Positionierhilfen an den Kassetten zueinander gehalten und die Scheiben umgeschüttet. Untersuchungen haben gezeigt, daß bei diesem Vorgang Kratzer durch die Reibung an den

Kassettenwänden praktisch unvermeidbar sind. **Automatische Umhordevorrichtungen** sind in verschiedenen Ausführungsarten (Handhabung ganzer Kasetteninhalte, Handhabung von Scheibengruppen und Einzelscheiben) verfügbar. Der Bediener kann im Schrittmodus einzelne Handhabungen ausführen lassen oder vollständige Umhordesequenzen definieren. Die Vorgänge werden lokal im Gerät in einem elektronischen Logbuch gespeichert.

Phase des Arbeitsablaufes am Gerät (1)	Funktionen bereitgestellt durch				
	Werkstattsteuerung	Werker	Gerät/ Arbeitsplatz	Material	Umhordetechnik
Losauswahl	gewichtete Losliste	Feinauswahl	-	-	-
Bereitstellung Material	X	Transport und Handhabung	X	Kennung	X
Mischlosbildung (2)	-	-	-	Kennung	Umhordung nach Vorschrift
Einbuchen	Einbuchen Los	Validierung korrekter Bearbeitung	Identifikationseinrichtung	Kennung	Identifikationseinrichtung
Rüsten	Rezept für Los	-	Prozeßrezeptauswahl	X	X
Bearbeitungsprozeß	Buchung Prozeßdaten Los	Einhaltung ausgewählter Prozeßwerte	Prozeßsteuerung	X	X
Inspektion	Buchung Prozeßergebnis Los	Beurteilung Prozeßergebnis	Meßwerterfassung	X	X
Ausbuchen	Ausbuchen Los	-	Identifikationseinrichtung	Kennung	Identifikationseinrichtung
Mischlostrennung (2)	-	-	-	Kennung	Umhordung nach Vorschrift
Transport	X	Transport und Handhabung	X	X	X
- Defizit X nicht notwendig oder außerhalb der Betrachtung (1)nach 5.1.3 (2) neu nach 5.4.2					

Bild 35   Funktionale Defizite für die Mischlosbildung

Für die Identifikation der Kennungen von Transporthilfsmitteln existieren automatische Einrichtungen. Die Verwendung von **Strichcodelesern** ist heute in Deutschland üblich, komplexere **Systeme mit drahtloser Datenübertragung** sind z.B. in Fernost im industriellen Einsatz. Die manuelle Identifikation von Scheiben ist unzureichend. Die Scheibennummern sind nur bei Entnahme mit einer Pinzette und Betrachtung unter Schräglicht gut lesbar. Dies ist für ganze Kassetteninhalte praktisch nicht durchführbar. **Automatische Einzelscheibenidentifikation** ist mit hochwertigen Lesegeräten (Bildverarbeitung oder Strichcodeleser mit eingebauter einzeiliger CCD Kamera) möglich, wird jedoch erst stellenweise im industriellen Einsatz verwendet.

Am Gerät bzw. Arbeitsplatz werden die Aufgaben des **Rüstens** und der **Prozeßdurchführung** vom Gerät unterstützt bzw. ausgeführt. In Sonderfällen, z.B. bei Prozeßentwicklungslosen, stellt der Bediener teilweise am Gerät manuell nach. Lediglich die **Validierung**, ob das korrekte Los mit dem korrekten Prozeßrezept am korrekten Gerät bearbeitet wird, ist weitgehend Bedienerentscheidung. Die Werkstattsteuerung unterstützt die Bearbeitung einzelner Lose durch die **Losauswahlliste** (Dispositionsliste) und die **Vorgabe von möglichem Gerät und Prozeßrezept**.

Wesentliche Lücken bestehen in der informationstechnischen Unterstützung der Bearbeitung von Mischlosen. Es gibt keine auf das konzipierte Verfahren hin entwickelte Unterstützung bei der Mischloszusammenstellung/-trennung, bei der Validierung der korrekten Bearbeitung, bei der Ein-/Ausbuchung und Bearbeitung sowie bei Inspektion und der Buchung von Prozeßergebnissen. Hier soll im folgenden die Entwicklung des System zur Einzelscheibenverfolgung ansetzen. Kern dieses System sollen die Funktionen zur informationstechnischen Unterstützung der Phasen der Mischlosbildung/-bearbeitung am Arbeitsplatz sein. Zusätzlich müssen die Schnittstellen zu den bereits bestehenden Komponenten Werkstattsteuerung, Identifikation/Kennungen, den Gerätefunktionen und der Umhordetechnik berücksichtigt werden.

6 Entwicklung eines Systems zur Einzelscheibenverfolgung

Das Verfahren zur Mischlosbildung wird im weiteren Verlauf der Arbeit lösungsorientiert betrachtet und verfeinert. Ziel ist die Entwicklung eines durchgängigen Systems zur Einzelscheibenverfolgung auf operativer Ebene, das die Bildung, Bearbeitung und Trennung von Mischlosen gemäß den konzipierten Regeln und Abläufen sicherstellt.

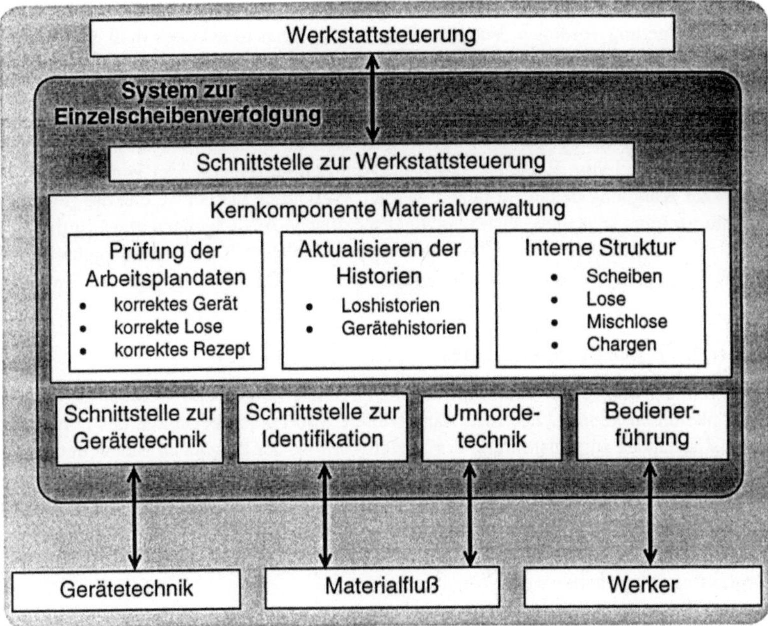

Bild 36   Hauptwirkungsrichtungen des Systems zur Einzelscheibenverfolgung

Das System selbst kann gemäß seiner Hauptwirkungsrichtungen nach außen modular dargestellt werden. In Bild 36 sind die Hauptfunktionsblöcke dargestellt. Zentrales Element des Systems ist die Materialverwaltung für Scheiben, Lose, Mischlose und Chargen. Anhand der verwalteten Scheibenzuordnungen kann ein System zur Einzelscheibenverfolgung die Korrektheit einer geplanten Bearbeitung anhand der Arbeitspläne prüfen sowie die jeweiligen Historien während und nach der Bearbeitung aktualisieren. Die Schnittstellenkomponenten zu Werkstattsteuerung, Fertigungsgerätetechnik, Material und Bediener müssen anpaßbar an die aktuelle Situation in bestehenden Fertigungen gestaltet sein.

Als Bewertungskriterien für die Lösungsvarianten in den verschiedenen Entwicklungsstufen werden die lösungsorientierten Kriterien aus der Ermittlung der Entwicklungsschwerpunkte und der Konzeption verwendet.

6.1 Materialverwaltung

6.1.1 Prüfung der Arbeitsplandaten vor Bearbeitung eines Mischloses

Vor der Entwicklung der internen Komponenten der Materialverwaltung müssen die Zusammenhänge zwischen Arbeitsplänen, Einzelprozeßschritten und Fertigungsgeräten korrekt abgebildet werden. Diese Daten werden zur Korrelation der Information auf der Laufkarte und in der Loshistorie benutzt, jedoch nicht zwangsweise im System zur Einzelscheibenverfolgung an sich verwaltet, da sie in anderer Strukturierung auch in der Werkstattsteuerung vorliegen. Vor jeder Bearbeitung eines Mischloses muß die Prüfung erfolgen, ob die Bearbeitung am Gerät mit dem geplanten Einzelprozeß korrekt ist. Die interne Abbildung im System muß daher mit den in der Praxis vorkommenden Datenstrukturen arbeiten können, um später über Schnittstelle mit der Werkstattsteuerung und anderen externen Komponenten zusammenarbeiten zu können. Die Zusammenhänge können ausgehend vom Einzelprozeßschritt, vom Fertigungsgerät oder von einem Hilfsobjekt zur Kopplung beider formuliert werden. Wesentlich hierbei ist, daß die gewählte Variante geeignet sein muß, auch maschinenspezifische Ausprägungen eines Einzelprozesses zu verwalten, da es zu nahezu jedem beschreibbaren Einzelprozeßergebnis Prozeßparameter gibt, die je nach Gerätemodell oder auch Baujahr angepaßt werden müssen.

Geräteliste zu Einzelprozeßschritten

Jedem Einzelprozeßschritt kann eine Liste der Geräte beigegeben werden, die diesen Schritt ausführen können. Die Liste kann weitere Information bezüglich des notwendigen Rüstzustandes zur Ausführung des Prozeßschrittes, der möglichen Bevorzugung einer Maschine sowie den speziellen baulich bedingten Parametern zur Maschineneinstellung enthalten. Geräte und Einzelprozesse werden damit über eine Tabelle gekoppelt, in der zu jedem Gerät, das einen Einzelprozeß ausführen kann, eine Liste von einzelprozeßspezifischen Parametern beigegeben ist, die von den Standardeinstellungen des Einzelprozesses abweichen.

Einzelprozeßliste zum Gerät

Jedem Gerät kann die Liste der baulich bedingt möglichen Einzelprozesse zugeordnet werden. Zusätzliche Information zu Rüstzustand, Bevorzugung und gerätebedingten speziellen Prozeßparametern können hier korrekt zugeordnet werden. Diese Variante ist damit die Umkehrvariante der Geräteliste. In einer Tabelle werden zu jedem Einzelprozeß, der von einem Gerät ausgeführt werden kann, die notwendigen gerätespezifischen Parametern als Liste beigegeben.

Die Darstellung als Geräteliste oder Einzelprozeßliste entspringt der industriellen Praxis, da alle in der deutschen Mikroelektronik eingesetzten Werkstattsteuerungssysteme eine dieser beiden Mechanismen verwenden.

Prozeßeignung als abstraktes Objekt

Die Prozeßeignung als weitere Variante wird als die baulich bedingte Eignung eines Gerätes zur Ausführung einer Reihe von Einzelprozessen definiert. Ein Gerät kann daher mehrere Prozeßeignungen besitzen und ein Einzelprozeß kann mit Hilfe der Fähigkeit zu mehreren Prozeßeignungen ausgeführt werden, z.B. die Fähigkeit zur Abscheidung von 20 bis 50 nm Nitrid unter Angabe der Toleranzen für Planarität, Schichtdicke und Homogenität der Molekularstruktur. Die Prozeßeignung kann daher auch als abstrakter Einzelprozeßbereich definiert werden, in dessen Spezifikationsgrenzen einer oder mehrere konkrete Einzelprozesse liegen.

Alle Varianten müssen wie in Bild 37 dargestellt strukturell als Verbindungsglied zwischen Geräten und Einzelprozessen eingesetzt werden, um die Mehrfachabbildungen von Geräten auf Einzelprozesse zu ermöglichen.

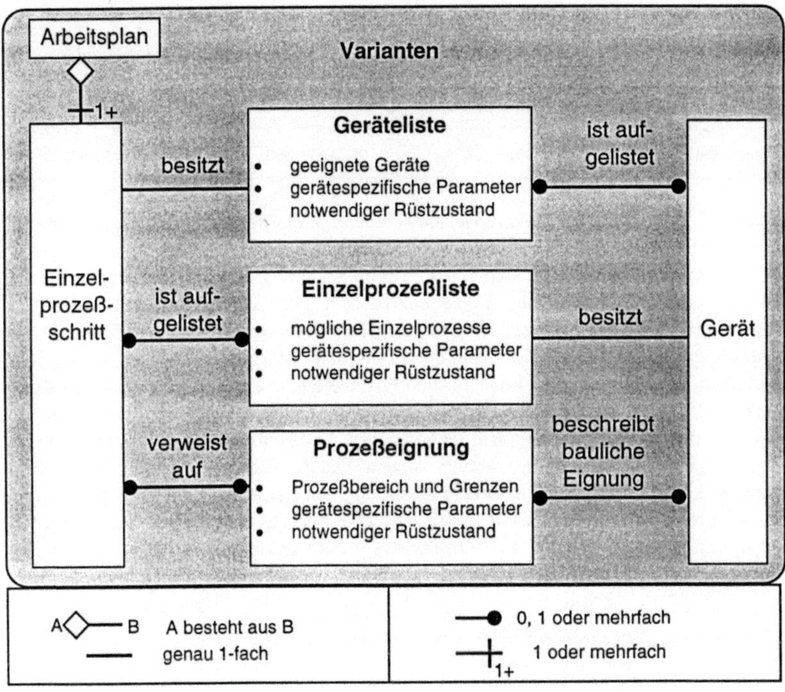

Bild 37   Varianten für den Verweis auf scheibenspezifische Prozeßparameter

Für die Bewertung sind insbesondere Kriterien bezüglich der Anpaßbarkeit an bestehende Fertigungen wichtig. Die prinzipielle Funktionalität kann bei jeder der Varianten gewährleistet werden, da die Überprüfung von korrekter Maschine und korrektem nächsten Prozeßschritt für alle enthaltenen Lose vor jeder geplanten Bearbeitung ermöglicht wird.

Bewertungskriterien	Geräteliste	Einzelprozeß-liste	Prozeß-eignung
Abbildung technologischer Randbedingungen	o	o	+
Unterstützung der Mischlosplanung	o	o	+
Vermeidung von Fehlprozessierung	+	+	+
anpaßbar an alle Gerätetypen	o	o	+
anpaßbare Bedienerführung für den Werker	o	o	o
anpaßbar an bestehende Werkstattsteuerungssysteme	+	+	o
anpaßbar an manuellen, teilmanuellen, automatischen Betrieb an Arbeitsplätzen	o	o	+

+ unterstützt   o neutral   - behindert   ▨ ausgewählt

Bild 38   Bewertung der Varianten für die Abbildung gerätespezifischer Prozeßparameter

Bild 38 zeigt, daß die Vermeidung von Fehlprozessierung bei allen Varianten gegeben ist, da jeweils für den nächsten Einzelprozeßschritt jeder Scheibe eine Prüfung auf die Zulässigkeit an der Maschine erfolgen kann. Das besondere zusätzliche Merkmal der Prozeßeignung ist, daß die Kombinationen zwischen Einzelprozeßschritten und Geräten mehrfach aufgeführt werden können. Eine Prozeßeignung kann daher auch einen Komplex beschreiben, der mögliche Prozeß-Gerätekombinationen sowie die Information beinhaltet, daß diese Kombinationen technologisch kompatibel sind und innerhalb eines Gerätes gemeinsam ausgeführt werden können. Durch geschickte Nutzung der Prozeßeignung kann eine beiderseitig direkte Abbildung von Einzelprozeß und Gerät bereitgestellt werden. Dies erleichtert die Anpassung an die Referenzen zu den Stammdaten in Fertigungen, die ihre Geräte und Einzelprozesse nach beiden existierenden Formen abbilden. Für die weitere Arbeit wird daher die Variante der Prozeßeignung gewählt.

6.1.2   Aktualisieren von Loshistorie und Gerätehistorie

Nach jeder Bearbeitung eines Mischloses müssen die Daten derart gespeichert werden, daß einerseits die bisherige Loshistorie korrekt weitergeführt wird, und andererseits die zusätzliche Information der Zusammensetzung der Mischlose in den Prozessen weiterhin verfügbar ist. Die Rückverfolgbarkeit der Mischloszusammensetzung ist für die Korrelation von Prozeßdaten und resultierenden Bauteilmerkmalen unverzichtbar.

Die Referenzen für die Gestaltung der Historien können anhand des beteiligten Gerätes oder anhand des im Prozeß befindlichen Materials gestaltet werden.

Geräteorientierte Historie

Die Historie kann anhand der Geräte strukturiert werden. Jedem Gerät ist dabei die Liste der durchgeführten Fahrten (Durchführung eines Einzelprozesses auf einem Gerät) zugeordnet. Diese Fahrten können vom prozessierten Material aus referenziert werden. Diese Referenz kann von einer beliebigen Gruppe von Scheiben aus erfolgen, im speziellen von einem Los, Mischlos oder einer Charge. Die einzelnen Scheiben können über die Position als Zusatzinformation gekoppelt werden. Dies ist bei Mischlosen und Chargen bei mehreren Prozessen notwendig, um in der Historie Abhängigkeiten aufgetretener Besonderheiten der Bauteile von der Position im Prozeß zu untersuchen. Im Einzelfall kann diese Korrelation anhand der Information zu benachbarten Scheiben Voraussagen zu Bauteilausfällen ermöglichen, wenn sich Ausfallmerkmale bei mehreren Scheiben verschiedener Lose eines Mischloses wiederholen.

Materialorientierte Historie

Die Historie des Materials kann als Liste der durchgeführten Bearbeitungsschritte ausgeführt werden. Die Bearbeitungsschritte können dabei auf das Gerät und den ausgeführten Einzelprozeß verweisen. Die Zuordnung der Historie muß auf Scheibenebene möglich sein, da Historien zu Materialgruppen, z.B. zu Losen, Mischlosen oder Chargen, nur bei den Prozessen hinreichend sind, bei denen die Funktion der scheibenspezifisch erfaßbaren Parameter nicht erforderlich ist. Dies ist jedoch nur bei der Minderheit der heutigen Prozesse der Fall. Auch bei reinen Chargenprozessen müssen ausgewählte Parameter scheibenspezifisch erfaßt werden können, z.B. die Position einer Scheiben innerhalb einer Ofencharge. Die Information zu den Einzelscheiben im Prozeß kann direkt über die interne Struktur der Materialgruppe abgebildet werden, die im weiteren Verlauf dieser Arbeit ebenfalls entwickelt werden muß.

Kombinierte Historie

Als Mischform kann die Historie teilweise materialorientiert und teilweise geräteorientiert gestaltet werden. **Es existieren damit beide Strukturen der Varianten 1 und 2.** Die Fahrten mit den anfallenden Prozeßwerten werden innerhalb der Historie eines Gerätes verwaltet. Die Historien des Materials bestehen aus der Liste der bereits abgearbeiteten Bearbeitungsschritte, wobei hier jedoch keinerlei Prozeßdaten verwaltet werden müssen. Diese Information wird über einen Verweis jedes Bearbeitungsschrittes auf die Fahrt, in dem sich das Material für diesen Bearbeitungsschritt befand, referenziert. Zusätzliche Prozeßinformation kann je nach inhaltlichem Bezug sowohl den Fahrten wie auch den Bearbeitungsschritten zugeordnet werden. Scheibenpositionen im Prozeß werden dabei bei der Scheibe abgelegt, signifikante Verläufe von Prozeßparametern verbleiben bei der am Gerät angehängten Historie der Fahrten.

In Bild 39 sind die strukturellen Unterschiede in den Varianten der materialorientierten und der geräteorientierten Historie dargestellt.

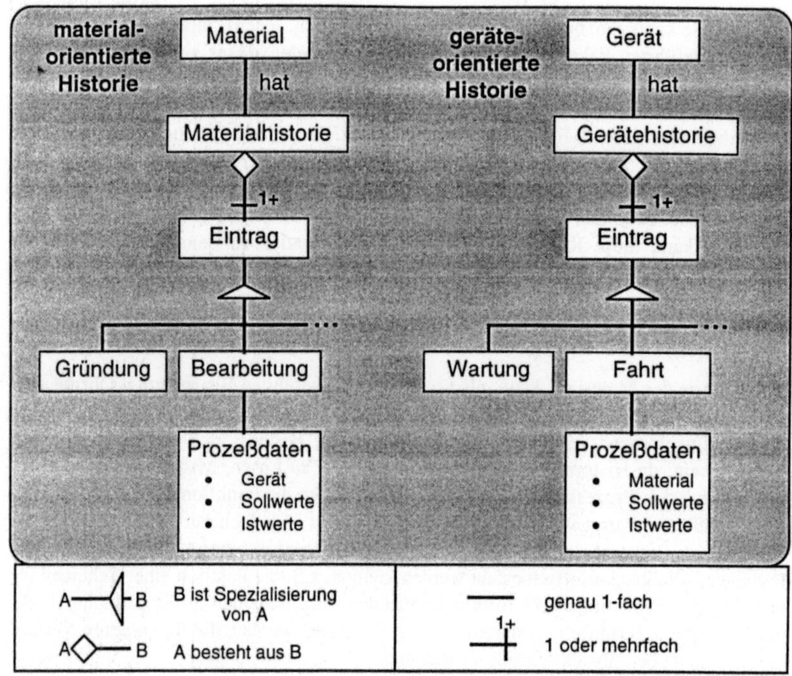

Bild 39   Basisvarianten der Struktur der Historien für die Einzelscheibenverfolgung

Für die Bewertung sind die Kriterien bezüglich der Verwaltung des Material (Scheiben, Lose und Mischlose) und der Anpaßbarkeit an bestehende Fertigungen wesentlich. Die Verwaltung geräteorientierter Historien erlaubt eine konsistente Abbildung der Fahrten und der Prozeßinformation. Scheiben müssen über Scheibengruppen zugeordnet werden. Eine direkte Zuordnung zu Losen oder Mischlosen ist nicht möglich, da sich jeweils nur einige Scheiben eines Loses oder Mischloses zusammen in einer Fahrt befinden können. Operationen aus Sicht von Loshistorien müssen daher später nach den Fahrten suchen, die die Scheiben dieses Loses erfahren haben. Dies bedingt erheblichen Zusatzaufwand für die Integration mit Loshistorien in bestehenden Werkstattsteuerungssystemen. Geeignet ist diese Darstellungsweise dann, wenn die Fahrten auf Material operiert haben, das nicht standardmäßig als Los oder Mischlos erfaßt ist. Dies ist bei Einzelprozeßschritten auf Chargen oder Einzelscheiben bzw. kleinen Scheibengruppen unterhalb der aktuellen Losgröße der Fall.

Materialorientierte Historien erlauben den direkten Zugriff auf die Bearbeitungsschritte. Zusammenhänge zwischen Losen und Mischlosen können durch Mischlosbildung und -trennung als Einträge zu den beteiligten Losen vermerkt werden. In den Zeiträumen, in denen Lose Teil von Mischlosen waren, können Operationen auf der Loshistorie über diesen Verweis auf die Mischloshistorie zugreifen. Diese Darstellung ist besonders bei Losen und Mischlosen geeignet. Bearbeitungsschritte könne als eine Buchung bzw. ein Eintrag effektiv gespeichert und gesucht werden. Operationen auf der Gerätehistorie sind hierbei jedoch aufwendig, da zu einem Gerät die Materialhistorien nach Einträgen dieses Gerätes durchsucht werden müssen, um die Fahrtenhistorie zu rekonstruieren. Die Auswertung von Parameterverläufen bezogen auf das Gerät ist daher unzureichend unterstützt.

Bewertungskriterien	Varianten für die Einzelscheibenhistorie		
	material-orientiert	geräte-orientiert	kombiniert
Verfolgung von Losen	+	-	+
Verfolgung von Mischlosen	+	-	+
Verfolgung von Chargen	o	+	+
Verfolgung von produktiven Scheiben	+	-	+
Verfolgung von Monitorscheiben	o	+	+
Verfolgung von Füllscheiben	o	+	+
Verfolgung der Positionen von Scheiben im Prozeß	-	+	+
Rückverfolgbarkeit von Umhordungen	+	-	+
anpaßbar an alle Gerätetypen	-	+	+
anpaßbar an bestehende Werkstattsteuerungssysteme	+	-	o

+ unterstützt   o neutral   - behindert   ▨ ausgewählt

Bild 40   Bewertung der Varianten für Einzelscheibenhistorien

Die Variante der kombinierten Historie basiert auf der Entkopplung von Fahrten und Bearbeitungsschritte. Die Gerätehistorie verwaltet die Liste der durchgeführten Fahrten mit den hierbei aufgetretenen Prozeßinformationen. Die Materialhistorie verwaltet die Liste der durchgeführten Bearbeitungsschritte. Die Bearbeitungsschritte verweisen auf die Fahrten und damit auf die Information zu Gerät und Prozeß. Die Positionsinformation kann im Standardfall der Bearbeitung von Kasetteninhalten ohne Monitorscheiben eingespart werden, da die notwendigen Daten im Rahmen der Position im Transporthilfsmittel bereits verfügbar sind. Im Fall von Chargenbildung oder hinzugefügter Monitorscheiben kann eine zusätzliche Positionstabelle gefüllt werden oder diese Information zusätzlich den Einzelscheiben zugeordnet werden. Der kombinierte Ansatz ist auch unabhängig davon, zu welchen Gruppen von Material die Historien erfaßt werden. Referenzen auf Fahrten können ohne funktionale Einschränkung oder Zusatzaufwand zu Bearbeitungsschritten für Einzelscheiben, Lose, Mischlose oder Chargen verwaltet werden. Lediglich die losorientierte Sicht bestehender Werkstattsteuerungssysteme auf Historien wird bezüglich der Prozeßdaten einer Fahrt nicht unterstützt.

Die weitere Arbeit basiert auf der Variante der kombinierten Historie. Die besondere Stärke dieses Ansatzes bezüglich der flexiblen Zuordnung von Einzelscheiben, Losen, Mischlosen oder Chargen zu Fahrten eines Gerätes erlaubt an jedem Prozeßgerät zu jeder aktuell eingebrachten Struktur des Materials die geeignete Zuordnung der historischen Information. Der Ansatz ist damit unabhängig von den Materialgruppierungen und den Eigenschaften der Fertigungsgeräte und kann auf alle bestehende Fertigungen ohne Einschränkung angewendet werden.

6.1.3 Interne Struktur der Materialverwaltung

Aus den Ergebnissen der Konzeption bezüglich der Abbildung von Mischlosen und Monitorscheiben sowie den entwickelten Zuordnungen von Arbeitsplandaten und Historien kann die Struktur der internen Materialverwaltung zusammengefaßt werden.

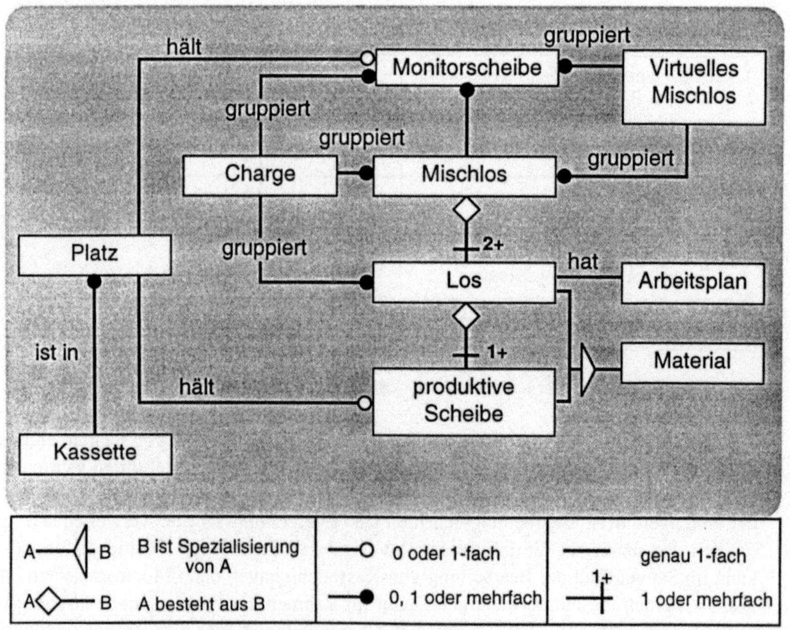

Bild 41   Zusammenfassung der Materialverwaltung

Die Materialverwaltung basiert auf flexiblen Materialgruppen, die verschiedene Sichten auf die Lose und Scheiben bieten, wobei je nach Arbeitsweise des Fertigungsgerätes und der zu bearbeitenden Lose oder Mischlose die passende Sicht auf das Material verwendet werden kann. Das Los bleibt in seiner konventionellen Bedeutung als auftragsbezogene permanente Gruppe von Scheiben erhalten. Lose setzen sich aus den zugehörigen Scheiben zusammen. Das Mischlos stellt eine Übergruppierung dar, die uneingeschränkte Lebensdauer (bis hin zum gesamten Fertigungsprozeß) haben kann und auch zusätzliche Monitorscheiben aufnehmen kann, ohne daß diese Teil eines Loses sein müssen. Chargen stellen eine übergeordnete Struktur dar, die zeitlich begrenzt auf einen Prozeßschritt verwendet wird und beliebige Untergruppierungen von Material enthalten kann. Virtuelle Mischlose werden als Kennung an den Bearbeitungsschritten verwendet, an denen eine nachfolgende Inspektion auf Scheiben erfolgen muß, die vom Rest der bearbeiteten Charge getrennt wurden. In der Regel trifft dies für Monitorscheiben zu. Anhand der virtuellen Mischloskennung können Operationen auf den inspizierten Scheiben allen Losen oder Scheiben zugeordnet werden, die über die Kennung verknüpft sind. Alle Scheiben werden über Plätze den aktuellen Transporthilfsmitteln zugeordnet.

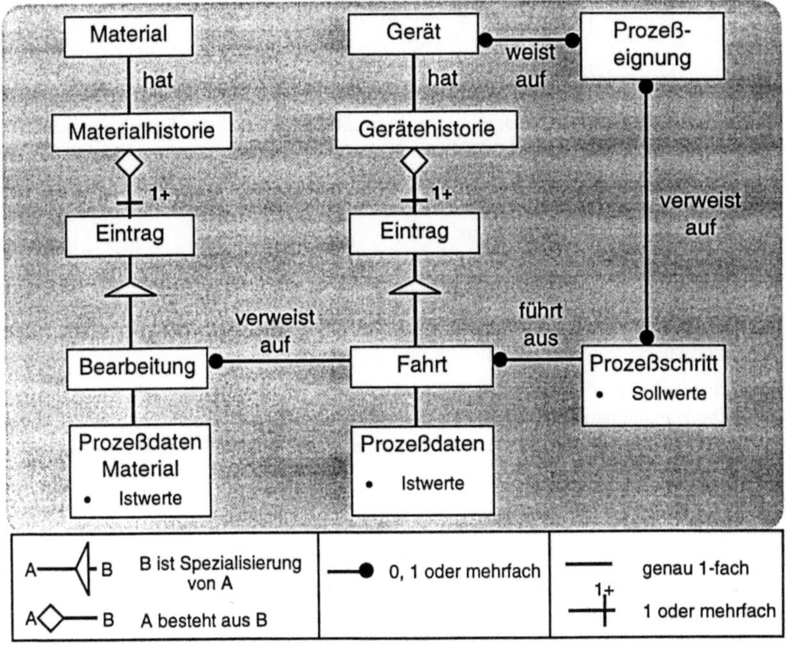

Bild 42   Zusammenfassung der Materialverwaltung

Die Materialverwaltung des Systems zur Einzelscheibenverfolgung basiert auf getrennten Historien für Material und Geräten. Fahrten und Prozeßdaten werden in der Gerätehistorie verwaltet. Materialhistorien können in den Spezialisierungen Loshistorie und Scheibenhistorie existieren und enthalten immer die Einträge zur Gründung und Terminierung im System. Bearbeitungsschritte sollen in der Praxis möglichst nur zu den Historien bearbeiteter Lose hinzugefügt werden. Scheibenhistorien enthalten dann selbst Bearbeitungsschritte, wenn die Losstruktur aufgelöst wurde (Einzelscheibenbearbeitung, Losteilung) und gegebenenfalls zusätzliche Prozeßdaten zum Material. Die Bearbeitung von Mischlosen und Chargen resultiert lediglich in Historieneinträgen zu allen Losen des Mischloses, d.h. die Buchung eines Bearbeitungsschrittes wird als Mehrfachbuchung auf alle beteiligten Lose oder Scheiben angewendet.

Die entwickelte Materialstruktur erlaubt die vollständige und konsistente Abbildung von Einzelscheiben, Losen, Mischlosen und Chargen. Aufgrund der verschiedenen Sichten auf die Materialstruktur kann an jedem Fertigungsgerät die geeignete Sicht verwendet werden. Chargenprozeßgeräte arbeiten mit Chargen, Einzelscheibenprozesse operieren auf Scheiben. Monitorscheiben können auch nach dem Prozeß über das virtuelle Mischlos korrekt verfolgt werden. Trotz der hohen Flexibilität der Materialstruktur bleiben Lose und Scheiben als Hauptstrukturelemente erhalten. Einzelscheibenbezogene Bearbeitungsdaten ergänzen die Loshistorien, die auch weiterhin als vollständige Darstellung aller Bearbeitungen auf dem Los geführt werden.

6.2 Umhordetechnik

Die Umhordung stellt die Komponente innerhalb des Systems zur Einzelscheibenverfolgung dar, bei der Lose und Mischlose ineinander überführt werden. Die Umhordung muß derart beschaffen sein, daß die geplante Mischlosbildung oder -trennung in erster Linie verwechslungsfrei und zerstörungsfrei erfolgt. Hierbei können zwei Phasen der Umhordung unterschieden werden:

- Be-/Entladung:
  Die Beladung und Entladung der Umhordeeinrichtung muß verwechslungsfrei gestaltet sein. Die Kennung der Transporthilfsmittel muß gesichert automatisch erfaßt werden.

- Handhabung:
  Die Handhabung muß zerstörungsfrei gestaltet sein. Die Handhabungseinrichtungen und -Handhabungsprozeduren müssen eine kurze Umhordezeit gewährleisten.

6.2.1 Be-/Entladevorgang

Die Art der Be- und Entladung einer Umhordevorrichtung ist maßgeblich für die Erfüllung der Kriterien nach einer gesicherten Materialverfolgung und gesicherten automatischen Identifikation verantwortlich. Varianten für die Gestaltung des Be-/Entladevorganges können vereinfacht anhand der Sicherung gegen die Vertauschung von Horden bewertet werden.

Die Beladung kann in die Phasen Präsenzkontrolle bzw. Detektion des Transporthilfsmittels durch die Beladestation und Identifikation des Materials unterteilt werden. Die Präsenz eines Transporthilfsmittels muß nach der Detektion auch lückenlos überwacht werden, um zu verhindern, daß Transporthilfsmittel zwischen dem Beginn und Ende der Umhordung unbemerkt ausgetauscht werden. Die Variantenbildung kann hier an den informationstechnischen Funktionen der Beladestation (Präsenzkontrolle und Identifikation) oder an der mechanischen Schnittstelle der Beladestation zum Transporthilfsmittel (Entnahmesperre) ansetzen.

Präsenzkontrolle

Mit Hilfe einer Präsenzkontrolle können Eingriffe eines Werkers detektiert werden. Während laufender Umhordeprozeduren kann die Umhordevorrichtung hier mit einem Abbruch reagieren und eine gesicherte neue Inventurerstellung der betroffenen Kassetten fordern. Die Präsenzkontrolle selbst kann je nach Eigenschaften der Transporthilfsmittel (Kunststoffkassetten, Metallkassetten o.a.) z.B. mit Hilfe von Mikroschaltern oder induktiven Näherungsschaltern ausgeführt werden. Die zugehörige Steuerungstechnik muß die Präsenz lückenlos überwachen.

Scheibenidentifikation

Die Durchführung der Einzelscheibenidentifikation als Teil der Umhordung sichert zuverlässig gegen Verwechslungen. Anhand der Identifikation der Loskennungen am Transporthilfsmittel und der Scheibenkennungen können in einem System ohne manuelle Handhabungsvorgänge Scheiben nicht verwechselt werden.

Boxidentifikation

Die Identifikation der konventionellen Transportboxen stellt die heute überwiegend verwendete Variante dar. Das besondere Merkmal konventioneller Boxen ist, daß durch das manuelle Entnehmen der Kassetten mit den Scheiben selbst bei korrekter Funktion der Identifikationseinrichtungen eine Verwechslung nicht vollständig ausgeschlossen werden kann.

Zwangskopplung von Präsenz und Losidentifikation

Mit Hilfe einer Zwangskopplung von Losidentifikation und Kontrolle der Präsenz der Transporthilfsmittel können Scheibenverwechslungen im Rahmen der automatischen Handhabung ausgeschlossen werden. Durch eine Identifikation des Transporthilfsmittels hier erst nach Detektion der Kassettenpräsenz ist eine Verwechslung der Kassetten auf den Plätzen der Umhordeeinrichtung ausgeschlossen. Erfolgt die Handhabung ausschließlich automatisch, können Scheiben durch Verfolgung der Handhabungsvorgänge über alle Positionen in Kassetten hinweg zuverlässig erfaßt werden. Wichtig ist hierbei, daß die Identifikationsfunktion eindeutig auf jeden Beladeplatz bezogen arbeitet. Dies erfordert, daß z.B. manuell zu handhabende Strichcodeleser derart angebracht werden müssen, daß die Identifikation von Material nur auf dem dafür vorgesehenen Beladeplatz möglich ist und nicht auf einem benachbarten Platz.

SMIF kompatible Boxen und Boxidentifikation

Die automatisierungsgerechten Boxen gemäß des SMIF Standards werden vor dem Öffnen des Schleusenmechanismus und der Entnahme der enthaltenen Kassette am Beladeplatz mechanisch verriegelt. Die Verriegelung ist Standard, da hierdurch die zuverlässige Abdichtung der Box gegenüber der Beladeeinrichtung sichergestellt wird. Wenn also eine sequentielle Zwangskopplung der Schritte Beladung, Verriegelung und Identifikation in der Umhordestation realisiert ist, ist dadurch sichergestellt, daß die Scheiben korrekt mit den Positionen und Kennungen der Transporthilfsmittel korreliert werden.

| Varianten | Bewertungskriterien | | | |
| | Sicherung gegen Vertauschung von Horden bei | | | Zeitbedarf für Umhordung |
	Beladen	Entladen	Umhordevorgang	
Präsenzkontrolle	-	-	+	gering
Scheibenidentifikation	+	+	+	hoch
Box-/Kassetten-identifikation	+	+	-	gering
Zwangskopplung von Präsenz und Identifikation	+	+	+	gering
SMIF Boxen und Boxidentifikation	+	+	+	gering

+ Sicherung gegeben   - Sicherung nicht gegeben

Bild 43   Varianten zum Ausschluß von Verwechslungen beim Be-/Entladen

Die Bewertung zeigt, daß Präsenzkontrolle oder Kassettenidentifikation nur während eines Teils der Umhordeprozedur gegen Verwechslungen sichern. Die Präsenzkontrolle kann das Beladen mit einem falschen Transporthilfsmittel als Quelle oder Senke für Scheiben nicht absichern. Lediglich die Vertauschung von Kassetten während des Umhordevorganges wird abgesichert. Die Identifikation der Transporthilfsmittelkennung kann die Vertauschung von Kassetten während des Beladens oder Entladens ausschließen. Zwischen den Zeitpunkten der Identifikation können die Kassetten jedoch jederzeit vertauscht werden.

Die Verwendung von Boxen nach dem SMIF Standard bietet die Verwechslungsfreiheit für den gesamten Umhordeverlauf. Derart gestaltete Fertigungslinien benötigen keine zusätzlichen Maßnahmen. Die wesentliche Problematik für den Einsatz in bestehenden Fertigungen ohne SMIF ist, daß ein Mischbetrieb mit SMIF Boxen an den Umhordeeinrichtungen und offenen Kassetten zur Beladung der Fertigungsgeräte vor und nach Anfahren der Umhordestationen noch einen Schritt zum Ein-/Ausschleusen von Kassetten in/aus Boxen erfordert. Die vollständige Umrüstung einer kleinen Fertigungslinie mit etwa 50 Geräten auf die Verwendung von SMIF Boxen liegt derzeit bei einem Investitionsvolumen von etwa 5 bis 10 Mio DM und kann deshalb nur dann als Variante mit betrachtet werden, wenn neben der Verwechslungsfreiheit von Material bei der Umhordung weitere Kriterien diesen Umbau wirtschaftlich rechtfertigen.

Eine Zwangskopplung von Präsenzkontrolle und Identifikation schließt Verwechslungen aus. Nach erfolgter Präsenzdetektion wird die Identifikation durchgeführt und die Kennung des Transporthilfsmittels erfaßt. Die konstante weitere Präsenzkontrolle schließt Vertauschungen zwischen Beladung und Entladung aus. Die Scheibenidentifikation ist ebenfalls in der Lage, Vertauschungen durchgängig auszuschließen. Hierbei ist jedoch die Identifikation aller Scheiben in den Kassetten erforderlich, sobald Mischlose an der Umhordung beteiligt sind. Aufgrund der Erfüllung der Forderung nach Sicherheit gegebenen Scheibenverwechslungen bei der Umhordung sowie der Effizienz beim Umhordevorgang wird die Kopplung von Präsenzkontrolle und Identifikation der Kennung am Transporthilfsmittel als Basis für die weitere Entwicklung der Umhordekomponente gewählt. Die Scheibenidentifikation soll als Option ebenfalls berücksichtigt werden. Sie gewährleistet in Fertigungsbereichen, in denen Kasseteninhalte durch Fertigungsgeräte oder manuelle Arbeitsschritte vermischt werden, die verwechslungsfreie Umhordung.

6.2.2 Umhordeprozeduren

Für die Entwicklung der Umhordeprozeduren müssen Merkmale des Umhordeprozesses für die Variantenbildung herangezogen werden. Die Bedienerunterstützung der Prozeduren muß den Anforderungen an die Mischlosbildung und auch Mischlostrennung angepaßt sein und gemäß der bisherigen Arbeit mit und ohne Einzelscheibenidentifikation arbeiten. Weitere wesentliche Unterschiede bestehen in der Notwendigkeit der Nutzbarkeit mit automatisierten parametrierten Standardprozeduren und mit anwendungsspezifischen Sonderabläufen im halbautomatischen Betrieb. Bei der Einzelscheibenidentifikation wird generell davon ausgegangen, daß Lesefehler auftreten können und der Bediener mit Unterstützung des Systems eingreifen muß. Aufgrund der Merkmale der Scheiben nach einigen Prozeßschritten, z.B. der mangelnden Kontrastfähigkeit von Kennungen nach Metallabscheidungen, sind Lesefehler nicht vollständig auszuschließen. Aus den Randbedingungen können die in Bild 44 dargestellten Varianten für die Umhordeprozeduren entwickelt werden.

Die **halbautomatische Mischung mit Bedienerunterstützung** basiert auf einer ausdrücklichen Zusammenstellung des Umhorderezeptes mit allen Einzelhandhabungen durch den Werker und der automatischen Ausführung dieser Vorschrift durch die Handhabungstechnik. Halbautomatische Umhordungen dienen der Erstellung von Mischlosen mit Sonderkonfigurationen z.B. bei Prozeßentwicklungslosen, wenn Scheiben unterschiedlicher Vorbehandlung an bestimmte Positionen in eine Prozeßkassette gesetzt werden sollen, um Effekte eines Einzelprozesses zu untersuchen. Die halbautomatische Mischung als Sonderfall muß durch die Umhordetechnik unterstützt werden.

Bei der **automatisch generierten Trennprozedur** werden die in einem Mischlos vorhandenen Scheiben anhand ihrer Loszugehörigkeit unterteilt und vor dem physikalischen Umhordevorgang informationstechnisch auf die Zielkassetten verteilt. Dieser Algorithmus kann verschieden realisiert sein. Im einfachsten Fall werden die Zielkassetten fur die getrennten Lose beginnend von oben oder unten mit den Scheiben des Mischloses gefüllt. Die informationstechnische Simulation der Mischlostrennung kann als Umhorderezept dann von der Handhabungseinrichtung durchgeführt werden.

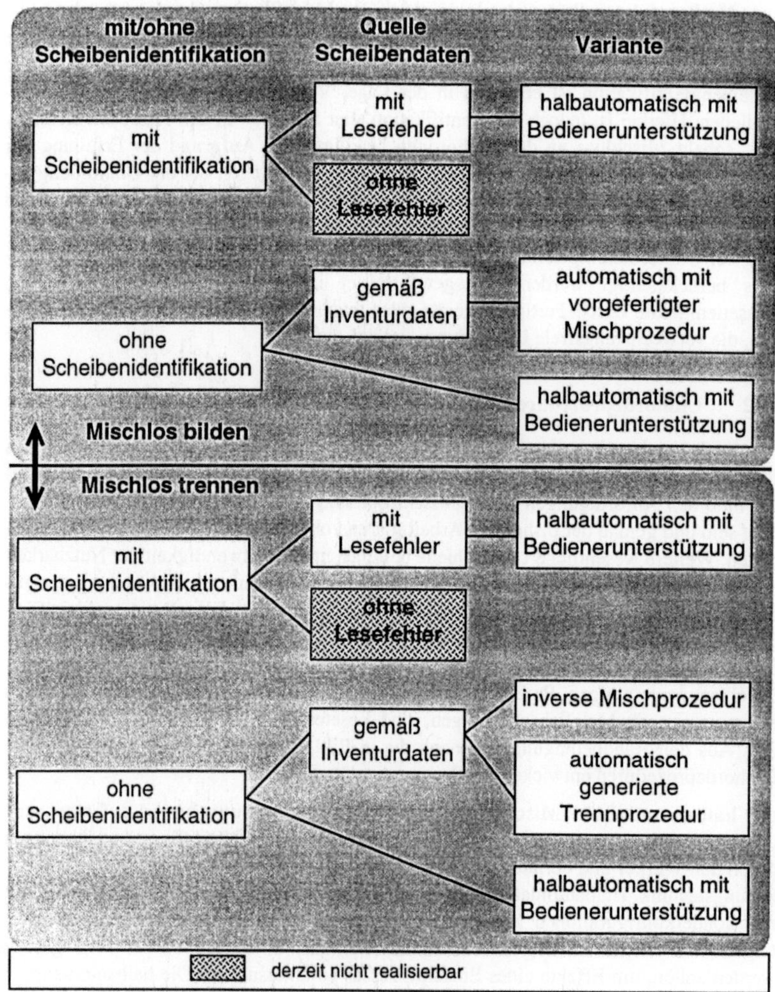

Bild 44   Varianten für den Automatisierungsgrad der Umhordung

Die **inverse Mischung** stellt einen vereinfachten Ansatz dar, erfordert jedoch, daß zusätzlich zur Speicherung der Positionen bei der Mischlosbildung auch ein Logbuch der einzelnen Handhabungsvorgänge angelegt wird. Anhand dieses Logbuches werden die Mischlose durch Abarbeiten der Handhabungsvorgänge beginnend mit dem chronologisch jüngsten Vorgang getrennt. Einschränkung ist jedoch, daß die inverse Handhabung nicht angewendet werden kann, wenn die Inhalte der Mischloskassetten intern in Fertigungsgeräten umsortiert wurden. Diese Randbedingung kann auftreten, wenn ein Gerät die Scheiben nach der Bearbeitung in eine neue Zielkassette überführt oder die Scheiben geräteintern in einen eigenen Speicher umgeladen werden.

Die weitere Arbeit basiert auf einer Kombination von halbautomatischer und automatischer Umhordung, bei der sowohl automatisch generierte Vorschriften als auch die inverse Mischung anhand aufgezeichneter Umhordungen verwendet werden. Auf diese Weise können Umhordeeinrichtungen jeweils mit der Prozedur arbeiten, die für die umgebende Gerätetechnik und Fertigungsorganisation angepaßt ist.

6.3 Schnittstelle zur Identifikation

6.3.1 Übertragungsart

Die Gestaltung der Übertragungsart von Datenträgern legt die wesentlichen funktionalen Kriterien bezüglich notwendigem Bauraum, Einschränkungen in der Anordnung von Datenträger und Lesegerät und übertragbarer Datenmenge fest. In Bild 45 sind die in der Mikroelektronik verwendeten Übertragungsarten ergänzt um einige weitere gängige Verfahren dargestellt. Generell stehen kontaktierende und drahtlose Verfahren zur Verfügung, wobei die drahtlosen Verfahren anhand der verwendeten Wellenlänge unterschieden werden können.

Anbringung der Kennung an	Übertragungsart der Kennungsdaten					
	optisch	induktiv	infrarot- basiert	radio-/ mikrowel- lenbasiert	magne- tisch	kontaktierend
Box	+	+	+	+	+	o
Kassette	-	+	-	+	+	-
Scheibe	o	-	-	-	-	-

+ technisch geeignet   - nicht möglich
o technisch möglich, aber aufwendig

Bild 45   *Arten von Identifikationssystemen in der Mikroelektronik*

Außer der Kontaktierung sind generell alle Übertragungsarten für die Identifikation von Boxen geeignet. Bei der Kontaktierung ist hierbei hinderlich, daß der resultierende Abrieb Partikelkontamination bewirkt. Außerdem ist eine Sonderlösung für die Gestaltung der Kontakte ohne Verwendung der üblichen Materialien wie z.B. Gold notwendig, da diese Materialien nicht in Halbleiterfertigungen eingebracht werden dürfen. Kontaktierende Identifikation kann daher nur eingeschränkt in Fertigungen mit durchgängigem Einsatz von SMIF Boxen und einer Sonderlösung für die Kontaktflächen verwendet werden.

Die Identifikation von Kassetten kann nur mit einem eingeschränkten Spektrum an Verfahren erfolgen. Es scheiden neben der Kontaktierung auch die Verfahren aus, die keine medienresistenten Datenträger ermöglichen. Dies ist bei optischer Identifikation der Fall, da aufgrund der sehr verschiedenen Kassettentypen aufgebrachte Kennungen wie z.B. Strichcodeaufkleber notwendig sind. Diese Aufkleber können jedoch nicht durchgängig resistent gegen alle vorkommenden Medien ausgeführt werden. Infrarotbasierte Kommunikation erfordert Datenträger mit Batteriebetrieb und stellt damit ebenfalls ein Hindernis für die Medienbeständigkeit dar. Radiowellenbasierte, induktive oder magnetische Übertragung kann derart ausgeführt werden, daß die Datenträger batterielos und eingeschlossen in medienresistente Gehäuse (z.B. Glas) ausgeführt werden.

Die Scheibenidentifikation ist derzeit nur optisch unter Verwendung von Bildverarbeitungssystemen oder Strichcodelesesystemen möglich. Mechanische Einflüsse, elektrische und magnetische Felder oder aufgebrachte Datenträger beeinträchtigen die Produktbeschaffenheit. Es wurde in Kapitel 6.2.1 bereits herausgearbeitet, daß die Scheibenidentifikation aufgrund des hohen Zeitbedarfes für die Identifikation von Losen und Mischlosen beim Be-/Entladen von Geräten nicht geeignet ist, für den Sonderfall der Durchführung von Umhordevorgängen mit automatischer Inventur jedoch notwendig ist. Für die weitere Entwicklung des Systems zur Einzelscheibenverfolgung werden daher alle Ansätze außer der kontaktierenden Übertragung weiter berücksichtigt. Die Scheibenidentifikation wird auf die Verwendung innerhalb der Umhordekomponenten beschränkt, Lose und Mischlose werden indirekt über Kassetten oder Boxen identifiziert.

6.3.2 Kennzeichnung und Laufkarte

Datenträger und Übertragungsarten können in verschiedenen Varianten kombiniert werden, um für das System zur Einzelscheibenverfolgung die Funktionen der Kennung und der Laufkarte bereitzustellen und die systemtechnischen Kriterien bezüglich Anpaßbarkeit und Betriebssicherheit zu gewährleisten. Für die Gestaltung der Varianten müssen Kriterien bezüglich der zu übertragenden Datenmenge, der Lesesicherheit, des geforderten Automatisierungsgrades und der Kosten berücksichtigt werden.

Die Loskennung muß aufgrund von Einschränkungen der Gerätetechnik und aktuell gültiger Standards auf der operativen gerätenahen Ebene lediglich eine Zeichenkette von bis zu 16 beliebigen Zeichen umfassen. Dies ist mit allen ausgewählten Übertragungsverfahren wie Strichcodeaufklebern und drahtlos übertragenden Kennungssystemen möglich. Über die reine Identifikation hinaus muß auch die Laufkartenfunktion realisiert werden. Die Laufkarte ermöglicht die Prüfung der Arbeitsplandaten und die Speicherung der Historieneinträge für Lose auch bei Ausfall der Werkstattsteuerung und erfordert daher größere Datenmengen als die reine Identifikation. Die zu verwaltende Informationsmenge ist direkt proportional zu der gewünschten Betriebsdauer bei Störungen der Leitebene. Für die Laufkartenfunktion eignen sich daher vorwiegend separate Datenträger in Form von Chipkarten, Papierlaufkarten, Disketten oder intelligente Hordendatenträger mit integrierter Identifikations- und Laufkartenfunktion.

Der Unterschied bezüglich der Identifikation von manuellen Transportboxen einerseits und SMIF-kompatiblen Boxen und Kassetten andererseits besteht darin, daß nur bei ma-

nuellen Transportboxen der Verbleib des Materials bei der Box gewährleistet werden kann. Die Kennung kann daher bei Gründung des Loses oder Mischloses einmalig in nur lesbarer Ausführung erzeugt werden. Bei SMIF-kompatiblen Boxen oder Kassetten wechseln die Scheiben in den Anlagen ihre Förderbehälter, an denen Eingabe- und Ausgabeplatz verschieden sind, wodurch schreib-/lesbare Datenträger für die Übergabe der Kennung an die neue Box erforderlich werden.

Ausführung der Laufkarte	Träger der Kennung		
	SMIF- kompatible Box	Kassette	manuelle Transportbox
Identifikationsfunktion	DK, (IHD)	DK	STC, (IHD)
Laufkartenfunktion	PL, EL, (IHD)	-	PL, EL, (IHD)
Präsenzkontrolle	Sperrung der SMIF Box beim Be-/Entladen	Präsenzkontrolle der Kassette	Präsenzkontrolle der Kassette

IHD	Intelligenter Hordendatenträger		
STC	Strichcodekennung	PL	Papierlaufkarte
DK	drahtloses Kennungssystem	EL	elektronische Laufkarte

Bild 46   Varianten für die Identifikations- und Laufkartenfunktion für Transporthilfsmittel

Bei der Laufkartenfunktion kann auch der Fall "ohne Laufkarte" für die Fälle mit untersucht werden, bei denen der Betrieb der Fertigungslinie bei Ausfall der EDV nicht abgesichert werden muß, weil die EDV aufgrund technischer Maßnahmen als ausfallsicher betrachtet wird oder die zu erwartenden Verzögerungen akzeptabel sind.

Optische maschinenlesbare Kennung und papiergestützter Losbegleitschein

Diese Variante stellt eine weitgehend auf manuellen Betrieb ausgelegte Art der Laufkarte dar und wird in den meisten Fertigungen in Deutschland heute noch eingesetzt. Die Identifikation erfolgt noch weitgehend automatisch, z.B. unter Verwendung von Strichcodelesern, die Laufkarte wird manuell gelesen und ausgefüllt. Wesentliche Schwachstelle dieses Konzeptes ist, daß die Kassetten manuell in die Transportboxen geladen werden müssen und hierbei Verwechslungen nicht vollständig ausgeschlossen werden können.

Intelligente Hordendatenträger IHD

Die in einigen Fertigungen heute eingesetzten intelligenten Laufkartensysteme vereinen Kennungsfunktion und Laufkartenfunktion. Die Systeme sind auf automatischen Betrieb ausgelegt, bieten jedoch auch einfache Flüssigkristallanzeigen für Bedienerinformation zu Grunddaten. Alle Systeme benötigen eine eigene Stromversorgung, Prozessor, Speicher und Datenfernübertragungssystem.

Elektronische Kennung und Laufkarte

Eine Mischform für den weitgehend automatisierten Betrieb stellt die Verwendung von automatisierungsgerechten Kennungsträgern für den Normalbetrieb und zusätzlichen magnetisch übertragenden Laufkarten (z.B. Disketten oder Chipkarten) für den Störungsfall dar. Einschränkend für diese Variante ist der Umstand, daß der rein automatische Betrieb anhand der Kennungen allein keine Redundanz der Information auf der Laufkarte bewirkt. Die Laufkarte muß durch den Bediener einem Lese-/Schreibgerät für die Aktualisierung der Historien zugeführt werden, wenn der Betrieb im Störungsfall mehr als nur genau einen nächsten Schritt umfassen soll. Die Kennungen können an den Kassetten angebracht werden und damit die Verwechslung von Kassetten in Boxen ausschließen.

Optische Kennung und elektronische Laufkarte

Eine weitere Mischform für den weitgehend manuellen Betrieb stellt die Verwendung von optischen Kennungsträgern wie Strichcodes und zusätzlichen elektronischen Laufkarten dar. Diese Variante unterscheidet sich von der Mischform mit drahtlosen Kennungen und zusätzlichen Laufkarten darin, daß die optische Identifikation z.B. mit Hilfe von Strichcodelesern je nach Einschränkungen der Geometrie an den Fertigungsgeräten teilweise auch durch den Bediener mit einem Handgerät erfolgen kann. Automatisch arbeitende Scanner können nicht an allen Gerätemodellen in korrekter Position zu den Beladeplätzen angebracht werden. Die Verwechslung von Kassetten in Boxen wird ebenfalls nicht ausgeschlossen, da die Kennungen an den Boxen angebracht werden müssen. Hier müssen die Maßnahmen zur Kopplung von Identifikation und Präsenzkontrolle der Kassetten in Verbindung mit geeigneten arbeitsplatzspezifischen Anweisungen für den Ablauf eingesetzt werden.

Die Variante mit optischer Kennung (z.B. Strichcode) und papiergestützter Laufkarte kann die Validierung des nächsten Schrittes sowie die Anpassung an das Gerät nicht unterstützen, da die Laufkarte nur vom Bediener gelesen und beschrieben werden kann.

Die Varianten mit elektronischer Laufkarte (separat von der Kennung oder integriert im IHD) können die Kriterien nach gesicherter Materialverfolgung und Validierung erfüllen. Unterschiede ergeben sich im erzielbaren Automatisierungsgrad, da separate elektronische Laufkarten zwar automatische Buchungen ermöglichen, im Gegensatz zu integrierten Systemen jedoch das Einlegen in ein Lesegerät durch den Bediener erfordern. Die Kompatibilität zu offenen Kassetten als Transporthilfsmitteln können nur elektronische Kennungsträger in medienresistenter Ausführung bieten.

In Bild 47 ist die Bewertung der aufgestellten Varianten zusammengefaßt.

	Varianten für Kennung und Laufkarte			
Bewertungskriterien	**optisch mit Papier-laufkarte**	**IHD**	**Kennung/ Laufkarte elektronisch**	**optisch mit Kennung elektronisch**
gesicherte automatische Identifikation	+	+	+	+
gesicherte Materialverfolgung	+	+	+	+
Validierung geplanter Prozeßschritte	o	+	+	+
anpaßbar an alle Gerätetypen	o	-	+	+
anpaßbare Bedienerführung für den Werker	o	+	+	+
anpaßbar an manuellen, teilmanuellen, automatischen Betrieb an Arbeitsplätzen	-	o	+	o
Eignung für verschiedene Transporthilfsmittel (SMIF Boxen, manuelle Boxen, offene Kassetten)	-	-	o	-
Geeignet für ununterbrochenen Betrieb auch bei Störungen der Informationstechnik	o	+	+	+

+ unterstützt   o neutral   - behindert

Bild 47   Bewertung der Varianten für Kennung und Laufkarte

Für die weitere Entwicklung des Systems zur Einzelscheibenverfolgung werden weitgehend alle Varianten weiter berücksichtigt, um je nach Anforderungen der Fertigung angepaßte Lösungen zu ermöglichen. Ausgeschlossen wird die rein papiergestützte Variante mit optischen Kennungen und papiergestützten Laufkarten aufgrund des geringen
Automatisierungsgrades der Buchungen und der damit verbundenen Möglichkeit der
manuellen Fehleingabe.

6.4   Schnittstelle zur Gerätetechnik

Die Funktionen des Systems zur Einzelscheibenverfolgung bezüglich des Bildens und
Trennens von Mischlosen und der zugehörigen Materialverwaltung auf operativer Ebene sind im Rahmen der bisherigen Entwicklung verfügbar gemacht worden. Im folgenden Abschnitt wird die Funktionalität zur korrekten Bearbeitung der Mischlose in Fertigungsgeräten und die Merkmale der Schnittstelle zu den Geräten näher untersucht.

6.4.1 Bearbeitung von Mischlosen

Die Bearbeitung eines Loses oder Mischloses an einem Fertigungsgerät kann in folgende Phasen unterteilt werden:

- Validierung des korrekten Gerätes, der Fähigkeit, den gewünschten Prozeß auszuführen und die Einstellung des zur Erzielung des Prozeßergebnisses notwendigen Prozeßrezeptes bzw. ergänzender Parameter

- Erfassung der Materialübergabe/Materialverfolgung zur Absicherung eines verwechslungsfreien Be- und Entladevorganges

- automatische Prozeßdatenerfassung und Zuordnung zu den Losen während der Bearbeitung

Bei der Bearbeitung von nicht gemischten Losen muß die hierfür notwendige Logik lediglich vor der Bearbeitung einer Kassette ausgeführt werden. Bei Bearbeitung eines Mischloses muß die **Validierung** für alle Einzelscheiben vor der Bearbeitung oder während der Bearbeitung vor jedem Prozeß an einer Scheibe durchgeführt werden, um dem Kriterien der Vermeidung von Fehlprozessierungen nachzukommen. Dies erfordert eine enge Integration der Materialverfolgungsfunktionen innerhalb eines Gerätes mit der Einzelscheibenverfolgung auf operativer Ebene über die Schnittstelle der Geräte.

Die **Materialverfolgung** ist vergleichbar zur Be-/Entladung von Umhordestationen unter 6.2.1 eine notwendige Voraussetzung für die Erfüllung der Kriterien nach gesicherter Materialverfolgung und Identifikation. Die **Prozeßdatenerfassung** ist zur Erfüllung der Kriterien nach Verfolgung von produktiven Scheiben, Monitorscheiben und Füllscheiben sowie der Verfolgung der Scheibenpositionen im Prozeß notwendig. **Robuste Kommunikation** als Teilfunktion der Schnittstelle zum Gerät kann aus den bereits genannten Kriterien abgeleitet werden, da Kommunikationsstörungen die Erfassung der Vorgänge im Gerät und damit die gesicherte Verfolgung des Materials beeinträchtigen.

Anhand der auszuführenden Funktionen zur Validierung und Prozeßdurchführung können die notwendigen Elemente des SECS Protokolls ausgewählt werden und der Funktionsumfang der Schnittstelle des Systems zur Einzelscheibenverfolgung definiert werden. Über die funktionalen Aspekte hinaus gilt die Forderung nach robuster, störungsfreier Kommunikation zu den Fertigungsgeräten. In Bild 48 sind die Funktionen des SECS Protokollumfanges bezüglich ihrer Eignung für die Bearbeitung von Mischlosen bewertet.

SECS Schnittstellenfunktionen		Teilaufgabe zur Bearbeitung von Mischlosen			
SECS Funktions-klasse	SECS Einzelfunktion	Validie-rung	Prozeß-daten-erfassung	Material-verfolgung	robuste Kommuni-kation
Report-funktionen	Zustandsabfrage	X	X	X	X
	zeitgesteuerte Berichte		X		X
	ereignisgesteuerte Berichte		X	X	X
Material-verwaltung	Material- und Beladeplätze			X	
	Materialübergabesynchronisation			X	
	Materialidentifikation	X			
	einzelchipbezogener Daten				
Geräte-steuerung	Einzelkommandos				
	Gerätesteuerung Normalbetrieb				X
	Gerätesteuerung sonstiges				
Prozeß-rezeptver-waltung	Verwaltung unformatierter Prozeßrezepte	X			
	Verwaltung formatierter Prozeßrezepte	X			
	Material-Prozeß-Matrix Funktionen	X			
Alarm-wesen	Kontrollgrenzeneinstellung				
	Alarmfunktionen				X
Verbin-dungs-manage-ment	Verbindung auf/abbauen				X
	Verbindungsfehler melden				X
	Verbindungsdiagnose				X
	Meldungspufferfunktionen				X
	Meldungslängeneinstellung				X
Systemein-stellungen	Geräteeinstellungen				X
	Zeitfunktionen				X
Terminal-funktionen	Terminalfunktionen				
	Rundruf				

Bild 48   Notwendige SECS Funktionen für die Mischlosverwaltung

Die Bewertung zeigt, daß zur Erfüllung der Forderung nach robuster Systemgestaltung in jedem Fall alle Reportfunktionen, Alarmfunktionen, Funktionen zum Verbindungs-management und zur Systemeinstellung von dem zu entwickelnden Werkzeug unter-stützt werden müssen. Die Reportfunktionen und Alarmfunktionen sind wesentlich für das detaillierte Überwachen des Gerätebetriebes. Störungen und Verbindungsunterbrechungen müssen zuverlässig erkannt werden, um evtl. Informationslücken zu erkennen. Die maximal erlaubte Informationslücke bei der kontrollierten Bearbeitung von Einzelscheiben aus Mischlosen muß unterhalb der Bearbeitungszeit einer Scheibe liegen (bei der Mehrzahl der Geräte im Bereich von 0,5 bis 1 Minute), während bei der herkömmlichen Bearbeitung ausschließlich von Losen als gesamte Kassetteninhalte auch Verbindungsausfälle von der Länge der Bearbeitungszeit mehrerer Scheiben unkritisch sein können. Die Funktionen zum Verbindungsmanagement unterstützen die robuste Kommunikation und müssen immer implementiert werden, um automatische Anlauf- und Wiederanlauffunktionen der Geräteschnittstelle für den Störungsfall zu realisieren. Die Systemeinstellungsfunktionen dienen der korrekten Systemkonfiguration nach Störungen und Verbindungsausfällen.

Die Funktionen zur Materialidentifikation und zur Prozeßrezeptverwaltung sind funktional wesentlich zur automatischen Rezepteinstellung für die eingelasteten Lose. Die Materialidentifikationsfunktionen dienen im SECS Protokoll hier der Übertragung der Loskennungen von der Leitebene an das Gerät. Dies ist notwendig, um anschließend mit den Material-Prozeß-Matrix Funktionen die korrekten Prozeßrezepte an die Materialkennungen zu binden. Bei Vakuumgeräten besteht hier besonderer Bedarf, da nur auf diese Weise ein Mischlos mit Scheiben, die jeweils verschiedenen nächste Prozeßrezepte benötigen, korrekt und automatisch validiert zu bearbeiten.

Die Einzelscheibenverfolgung muß die herausgearbeiteten Funktionen zur Materialverfolgung, Prozeßrezeptvalidierung und Prozeßdatenerfassung an der Schnittstelle zur Gerätetechnik unterstützen, um die korrekte Bearbeitung von Mischlosen sicherzustellen.

6.4.2   Bedienerunterstützung am Gerät

Die Bearbeitung von Mischlosen in Fertigungsgeräten stellt besondere funktionale Anforderungen an die Bedienerführung. War bisher die Information auf Los- bzw. Kassettenebene für den Bediener notwendig, um die korrekte Bearbeitung des Materials zu erkennen, müssen bei der Einzelscheibenverfolgung und -bearbeitung nun Information auf Einzelscheibenebene verfügbar gemacht werden. Die Daten für den Bediener können anhand der bereits in 6.4.1 entwickelten Hauptfunktionen des Gerätes während einer Fahrt (Validierung des Prozeßrezeptes, Materialverfolgung und Prozeßdatenerfassung) für die weitere Entwicklung strukturiert werden.

Die Darstellungselemente und der notwendige Detaillierungsgrad zur Bedienerunterstützung sind abhängig von der Bauart des Gerätes und der resultierenden Komplexität der Information. Deshalb muß unter Berücksichtigung jeder Teilfunktion eine Lösung entwickelt werden, die variabel anpaßbar auf jedes Gerät ist.

Eine detaillierte Strukturierung der darzustellenden Informationselemente ist in Bild 49 dargestellt.

Haupt-funktion	Teilfunktion bei der Bearbeitung	erfordert die Darstellung von Daten zu					
		Scheibe	Los	Misch-los	Charge	Gerät	Fahrt
Validierung der nächsten geplanten Bearbeitung	Prüfung auf gleichen nächsten Schritt für alle Scheiben	X	X				
	Prüfung auf Ausführbarkeit des nächsten Schrittes					X	
	Prüfung auf Verfügbarkeit von Gerät und Fertigungshilfsmitteln					X	
	Selektion Prozeßrezept					X	
Material-übergabe/-verfolgung	Materialstruktur visualisieren	X	X	X	X		
	Zustand visualisieren						X
Prozeß-daten-erfassung	Vorgabeparameter visualisieren	X	X				
	aktuelle Parameterwerte visualisieren						X
	Verletzung von Kontroll-grenzen visualisieren	X	X			X	X

Bild 49　　Notwendige darzustellende Informationsinhalte

Die Bereitstellung geeigneter Bediengeräte stellt insofern ein Problem dar, als einerseits die notwendigen Darstellungselemente ergonomisch gestaltet sein sollten und andererseits das durch die Reinraumgestaltung und bestehende Installationen beengte Platzangebot i.d.R. nicht erweitert werden kann. Kriterien für die Auswahl einer gerätespezifischen Lösung sind somit neben der darzustellenden Informationsmenge und Informationskomplexität und den daraus resultierenden Forderungen nach Text- und Graphikanzeige auch Platzbedarf, Kosten und Akzeptanz.

Die bereits vor Ort am Fertigungsgerät befindlichen Eingabehilfsmittel kommen als integrierte oder beigestellte Geräteterminals vor und stellen i.d.R. die Möglichkeit der Text- und Graphikdarstellung bereit. Einige der Bediengeräte haben die Möglichkeit, Terminalemulationen (in Text- oder Graphikform) in gesonderten Fenstern am Bildschirm zu starten, um auf Fremdprogramme auf übergeordneten Leitrechnern zuzugreifen. Diese Möglichkeit ist jedoch nur bei wenigen Anlagen vorhanden, obwohl die technischen Voraussetzungen gegeben sind, da die Terminals meistens die Ereignisse im Fertigungsgerät auch im Ruhezustand echtzeitnah darstellen sollen und die Hersteller deshalb die Möglichkeit der Überlagerung der Bedienelemente mit einem zweckfremden Fenster sperren. Darüber hinaus bieten die Gerätebildschirme i.d.R. eine in die Menüführung integrierte Funktion zum Senden und Empfangen von Nachrichten zu/von übergeordneten Leitrechnern, die über die SECS Terminalfunktion der Datenschnittstelle ausgetauscht werden. Hierbei sind die Menüs vom Gerätehersteller selbst bereitgestellt und derart in die Bedieneroberfläche integriert, daß keine Überlagerung mit sicherheitsrelevanten Anzeigen möglich ist.

Terminals für die Werkstattsteuerung sind in allen deutschen Fertigungsstätten nur teilweise am Gerät vorhanden. Die Aufstellung gesonderter Terminals ist aufgrund des beengten Platzangebotes teilweise nur bereichsweise möglich. Die Frequenz der Durchführung der Buchung von Losbewegungen und Bearbeitungen ist in einigen Fertigungsbereichen im Bereich von mehreren Minuten angesiedelt. Hier war bisher die Verwendung eines für den Fertigungsbereich gemeinsamen Terminals in einer Entfernung von 10 bis 20 m von den Geräten hinreichend. Programme zur statistischen Prozeßkontrolle sind teilweise integraler Bestandteil des Werkstattsteuerungssystems, teilweise existieren aber auch gesonderte PC's für separate Systeme.

Über die bereits in der Fertigung verfügbaren Eingabehilfsmittel hinaus besteht die Möglichkeit der Verwendung zusätzlich beigestellter Terminals z.B. in kompakter Flachbauweise mit Flüssigkristallbildschirm zur Anbringung an der Gehäusewand des Fertigungsgerätes. Unter Berücksichtigung der vorhandenen Infrastruktur und der Erweiterungsmöglichkeiten können mögliche Varianten für die Bereitstellung der Bedienfunktionen aufgestellt werden.

Die Varianten werden im folgenden auf ihre Einsetzbarkeit für die Bedienerinformation hin diskutiert.

Nutzung der SECS Terminalfunktion

Bei dieser Variante wird auf zusätzliche Bedieneinrichtungen verzichtet, da die Bedienfunktionen und Darstellungselemente bereits im Fertigungsgerät integriert sind. Die genaue softwaretechnische Ausführung dieser Funktionen ist gerätespezifisch; in der Regel werden Befehle mit Hilfe von Menüfunktionen am Gerät eingegeben und abgeschickt, Meldungen von der Leitebene werden in einem Informationsfeld bis zur Quittierung durch den Bediener dargestellt. Die Bedienmöglichkeiten sind hierbei auf reine Texteingaben bzw. Textanzeigen (je nach Ausführung ein- oder mehrzeilig) beschränkt. Die SECS Terminalfunktionen können daher bei Standardgeräten genutzt werden, an denen keine scheibenspezifischen Parameter einzustellen bzw. zu erfassen sind. Mit Hilfe des verfügbaren Textes kann nach der erfolgten Validierung die Korrektheit der geplanten Bearbeitung angezeigt werden bzw. die Liste der in der Kassette befindlichen Lose und Scheiben als Information angezeigt werden.

Vorhandene beigestellte Terminals

Vorhandene Terminals, z.B. die Werkstattsteuerungsterminals, können dort genutzt werden, wo eine logische und räumliche Zuordnung zum Fertigungsgerät gegeben ist. Ein bereichsübergreifendes Terminal ist nicht geeignet, gerätespezifische Information darzustellen. In den bestehenden Fertigungsstätten in Deutschland stehen überwiegend reine

Textterminals mit stark eingeschränkter Graphikfähigkeit für die Werkstattsteuerung zur Verfügung. Bei Neuinstallationen werden heute überwiegend PC's als lokale Bediengeräte aufgestellt, da diese neben der Bedienung der Werkstattsteuerung auch die Möglichkeit der Installation lokaler Anwendungen z.B. zur Anzeige von statistischen Regelkarten bieten. Sofern also die bereits beigestellten Terminals räumlichen Bezug zum Gerät haben und nicht ausschließlich mit der ursprünglich geplanten Aufgabe belegt sind, können diese zusätzlich zur Information über das Validierungsergebnis vor der Bearbeitung und zur Anzeige der Materialstruktur der beladenen Kassetten und des Bearbeitungsfortschrittes verwendet werden.

Zusätzliches Bediengerät (PC, Industrieterminal)

Bei dieser Variante wird eine gesondertes Bediengerät, z.B. ein **PC** für die operative Ebene beigestellt, so daß eine aufgabenspezifisch angepaßte Benutzeroberfläche für die Aufgaben der Einzelscheibenbearbeitung entwickelt werden kann. Das Bediengerät kann bei eingeschränkt verfügbarem Bauraum als **kompaktes Industrieterminal** mit Funktionstasten, Flachbildschirmanzeige, Strichcodeleser und optionalem Strichcodedrucker für die Erzeugung der Kennungen virtueller Mischlose ausgeführt werden und z.B. am Gehäuse des zugeordneten Fertigungsgerätes angebracht werden. Aufgrund der wählbaren Bauformen können alle Bedienaufgaben der Einzelscheibenverfolgung gelöst werden. Sofern das Bediengerät an einem Arbeitsplatz mit komplexer Mischlosbearbeitung eingesetzt werden soll (Chargenprozeßgerät mit einzelscheibenbezogenen Parametern und Monitorscheibenverwaltung), muß jedoch ein Industrieterminal mit Vollgraphikanzeige und entsprechend höheren Kosten als ein konventionelles Tischgerät eingesetzt werden.

Die Bewertung der Varianten für Bediengeräte ist in Bild 50 dargestellt, wobei aufgrund der Tatsache, daß Bedienmöglichkeiten für das System zur Einzelscheibenverfolgung fertigungsweit an allen Geräte geschaffen werden müssen, das zusätzliche Kriterium Kosten zur Bewertung herangezogen wurde.

Alle Bediengeräte, auch die bereits in der Fertigung befindlichen Geräte, sind Wärme- und Partikelquellen. Tendenziell eher tauglich für den Einsatz im Reinraum sind lüfterlose Geräte mit partikelarmen Eingabemedien wie Folientastatur und Lichtstift, aber auch Geräte mit konventioneller Tastatur und Maus können eingesetzt werden, wenn durch geschickte Positionierung und Anordnung umgebender Körper relativ zu Geräten und Produkten eine Abfuhr von Partikeln über die Luftströmung nach unten gewährleistet ist. Reinraumtauglichkeit als Kriterium kann daher nicht sinnvoll für eine Bewertung herangezogen werden.

Bewertungskriterien	SECS Terminal-funktionen	vorhandenes Terminal	zusätzliches Industrie-terminal	zusätzliches Terminal/ PC
anpaßbar an Gerätetypen (Platzbedarf)	ja	ja	ja	eingeschränkt
anpaßbare Bedienerführung für den Werker	gering	mittel	gering-hoch (1)	gering-hoch (1)
anpaßbar an manuellen/ automatischen Betrieb an Arbeitsplätzen	einge-schränkt	eingeschränkt (2)	ja	ja
notwendige Information (nach Bild 49) darstellbar	nein	eingeschränkt (1)	ja (1)	ja
Kosten	keine	keine	gering-hoch (1)	mittel-hoch (1)
(1) bauartabhängig	(2) je nach sonstiger Nutzung			

Bild 50   Bewertung der Varianten für die Bedienhilfen am Gerät

Für die Bedienerführung bei der Einzelscheibenverfolgung wird arbeitsplatzspezifisch eine angepaßte Variante gewählt. Bei einfachen Standardgeräten ohne Fähigkeit zur scheibenspezifischen Umstellung des Prozeßrezeptes sind einfache SECS Terminalfunktionen ohne zusätzliche Bediengeräte hinreichend. Für komplexere Geräte, insbesondere Chargenprozeßgeräte, werden je nach verfügbarem Bauraum zusätzliche Terminals/PC's oder kompakte Industrieterminals beigestellt.

6.5   Schnittstelle zur Werkstattsteuerung

6.5.1   Abbildung von Mischlosen in der Werkstattsteuerung

Die Werkstattsteuerungsebene benötigt ein konsistentes und aktuelles Bild der Zustände von Losen, Losbewegungen und Maschinenzuständen. Anhand dieser Daten können Resourcen und Material für die weitere Bearbeitung verplant werden. Die Einzelscheibenverfolgung auf operativer Ebene muß zusätzlich jede Scheibenbewegung und Bearbeitung verfolgen. Die Interaktion beider Ebenen erfordert eine genaue Definition der Schnittstelle. Für die Abbildung der Losbewegungen auf Werkstattsteuerungsebene in Abhängigkeit von den Scheibenbewegungen und Mischlosbewegungen auf operativer Ebene können Varianten für den Detaillierungsgrad der Information auf Werkstattsteuerungsebene aufgestellt werden.

Erzeugung aller Mischlose auf Werkstattsteuerungsebene

Die vollständige Nachführung von Mischlosbildungen und -trennungen über die Mechanismen der Loszusammenführung und -trennung auf Werkstattsteuerungsebene stellt einen Grenzfall dar. Mischlosbildung und -trennung werden durch die Neudefinition von

Losen mit eigenen neuen Losnummern auf Werkstattsteuerungsebene entsprechend den wirklichen Gegebenheiten auf der operativen Ebene nachgeführt. Das Abbild der Mischlose auf Werkstattsteuerungsebene ist daher maximal detailliert. Buchungen können jeweils anhand der wirklichen physikalischen Mischloskennung in der Fertigung durchgeführt werden, da diese Kennung bei der Mischlosbildung auch dort erzeugt wurde.

Keine Mischlosabbildung

Als weiterer Grenzfall basiert diese Variante auf dem Ein/Ausbuchen aller Loskennungen bei jeder Operation auf einem Mischlos. Die Werkstattsteuerung kennt kein Abbild des Mischloses. Zu jeder Bearbeitung eines Mischloses werden daher alle beteiligten Lose getrennt bei der Werkstattsteuerung an- und abgemeldet. Aus Sicht der Werkstattsteuerung bewegen sich daher ausschließlich Lose durch die Fertigung. Der Umstand der gemeinsamen Bearbeitung von Losen in Mischlosen ist ausschließlich in der Einzelscheibenverfolgung transparent und kann auf Werkstattsteuerungsebene lediglich aus den gemeinsamen Anfangs- und Endzeiten von Bearbeitungsschritten mehrerer Lose an einem Gerät rückgeschlossen werden.

Mischloskennung als Losattribut auf Werkstattsteuerungsebene

Die Mischloskennung als Losattribut ist eine Mischform, bei der keine neuen Loskennungen auf Werkstattsteuerungsebene bei Mischlosbildungen erzeugt werden, die Mischloskennung des Losen jedoch als zusätzliches Attribut zugeordnet wird. Lose verfügen auf Werkstattsteuerungsebene neben den notwendigen Attributen auch über freie, benutzerdefinierte Attribute. Ein derartiges freies Attribut wird dann für die Mischloszugehörigkeit eines Loses belegt. Die Werkstattsteuerung verfügt hierbei über kein direktes Abbild der Mischloszusammensetzung, da keine Funktionen auf Werkstattsteuerungsebene existieren, um das frei definierbare Attribut auszuwerten. Mit Hilfe von zusätzlicher Verarbeitungslogik können die Querverweise zwischen Losen und Mischlosen jedoch bei Bedarf hergestellt werden. Dies ermöglicht die Durchführung von einfachen Werkstattsteuerungsoperationen wie An- und Abmelden von Mischlosen an einem Fertigungsgerät. Zur Bereitstellung der notwendigen Logik muß i.d.R. bei den in Deutschland eingesetzten Systemen kein eigenes Programmteil auf Werkstattsteuerungsebene entwickelt werden, da die notwendige Verarbeitungslogik mit den integrierten Möglichkeiten zur Programmierung von Makrofunktionen (Mehrfachbuchungen mit einem Makrobefehl) bereitgestellt werden kann. Wesentlich für diesen Ansatz ist dabei auch, daß die Losattribute Teil der Losdefinition sind und versionspflichtig geführt werden müssen. Auf diese Weise ist ein Wechsel eines Loses während seiner Lebenszeit in verschiedene Mischlose auch im Datenbestand der Werkstattsteuerung rückverfolgbar, da Änderungen des Mischloses als Änderung des Losattributes aufgefaßt werden und in der Versionshistorie aufgezeichnet werden.

Bewertungskriterien	Erzeugung aller Mischlose	keine Mischlos-abbildung	Mischlos-kennung als Losattribut
gesicherte Materialverfolgung	+	o	o
Vermeidung von Fehlprozessierung	+	o	+
Rückverfolgbarkeit von Umhordungen	+	o	+
Aktualität der Daten in der Werkstattsteuerung	+	-	+
geringe Belastung des Werkstattsteuerungssystems	-	+	+
Unterstützung einfacher Mischlosoperationen auf Werkstattsteuerungsebene	+	-	+
einfache Auswertung der Mischlosbeziehungen auf Werkstattsteuerungsebene	-	-	+
Auswertung der Arbeitspläne für vorausschauende Planungsalgorithmen	+	-	-

+ unterstützt   o neutral   - behindert

Bild 51   *Bewertung der Varianten für die Schnittstelle zur Werkstattsteuerung*

Das Kriterium der Anpaßbarkeit an Werkstattsteuerungssysteme kann für die Bewertung wie in Bild 51 berücksichtigt in Teilkriterien zerlegt werden. Die notwendige Anpaßbarkeit kann die Aspekte Datenaktualität, Systembelastung und Unterstützung von Operationen bzw. Manipulationen sowie Auswertungen umfassen.

Die Interpretation der Bewertung ist abhängig von den Randbedingungen der Fertigung. Die auszuwählende Variante ist daher fertigungsspezifisch verschieden. Wesentliche Stärke des Ansatzes, die Mischloskennung als Losattribut zu verwalten, besteht in der Möglichkeit, eigene Funktionalität und Auswertungen auf Werkstattsteuerungsebene unter Verwendung der Mischlosdaten bereitzustellen und dabei die Integrierbarkeit mit den bestehenden Systemen zu gewährleisten. Mit Hilfe dieses Konzeptes verfügt der Datenbestand auf Werkstattsteuerungsebene über die notwendigen Information zur Rückverfolgung von Losen mit Qualitätsproblemen und der Korrelation mit den Losen, die mit den Problemlosen teilweise gemeinsam bearbeitet wurden. Die Rückverfolgbarkeit der Mischloszugehörigkeit kann auch über ein Archivierungskonzept auf Einzelscheibenverfolgungsebene gelöst werden, so daß die Auswertungen dann auf den Datenbestand von Werkstattsteuerung und Einzelscheibenverfolgung zugreifen müssen. Für eine Reihe von Auswertungen ist jedoch die einfache Mischloszugehörigkeit hinreichend, die in Form des Losattributes vermerkt ist. Auswertungen auf Werkstattsteuerungsebene erfolgen damit effektiver bezüglich Zeitbedarf und Rechenkapazität. Der Versand von teilweise bearbeiteten Losen an einen anderen Fertigungsstandort ist ebenfalls vereinfacht, da nur die Beigabe der Werkstattsteuerungsdaten erforderlich ist. Für

Fertigungen mit einem hohen Anteil an Produkten, bei denen Rückverfolgbarkeit auch über mehrere Standorte hinweg wichtig ist, ist das Konzept der Mitführung der Mischloszugehörigkeit als Losattribut auf Werkstattsteuerungsebene daher geeignet.

Der Ansatz, die Mischloszugehörigkeit auf Werkstattsteuerungsebene nicht mitzuführen, bedingt keinen weiteren Aufwand für die Definition von Losattributen und darauf operierenden Datenauswertungen. Dies ist in Fertigungen mit geringen Anforderungen an die weitere Auswertung und die Rückverfolgbarkeit auch über mehrere Standorte hinweg keine Einschränkung.

Der Ansatz, jede Mischlosbildung und -trennung durch Neuerzeugung von Losen auf Werkstattsteuerungsebene mitzuführen, bedingt eine erhebliche Belastung des Werkstattsteuerungssystems mit den hierfür notwendigen Transaktionen zur Umbuchung der Scheiben. Die Funktionalität der Rückverfolgung der Lose in Mischlosen kann mit der Variante, die Mischloszugehörigkeit als Losattribut zu führen, auch erreicht werden. Lediglich für Detailplanungen, bei denen die exakte zukünftige Prozeßschrittfolge aller einzelnen Lose und Scheiben berücksichtigt werden soll, ist die zusätzliche Information notwendig. Der Ansatz der Losneubildung kann bei der Anwendung fertigungsweit operierender Planungsalgorithmen, die echtzeitnah auf Einzelereignisbasis arbeiten, sinnvoll sein, sofern die Leistungsfähigkeit der EDV für die resultierenden Transaktionen ausreicht.

6.5.2   Ausführung der Schnittstelle

Für die Ausgestaltung der Zugriffsart stehen zwei grundlegend verschiedene Möglichkeiten zur Verfügung. Der Zugriff kann ereignisgesteuert erfolgen, d.h. jeweils bei Bedarf bzw. bei Eintreten des relevanten Ereignisses kann die Einzelscheibenverfolgung ein Datum von der Werkstattsteuerung abfragen oder ein Datum aktualisieren. Der Informationsstand beider Systeme ist konsistent. Störungen oder Verzögerungen von Antworten auf Seiten der Werkstattsteuerung bewirken hierbei jedoch auch Beeinträchtigungen der Einzelscheibenverfolgung, da Anfragen zu Prozeßrezepten oder die Aktualisierung abgearbeiteter Prozeßschritte nicht gebucht werden können.

Der Zugriff kann auch zeitgesteuert erfolgen, d.h. der Datenbestand der Werkstattsteuerung wird als Kopie der Einzelscheibenverfolgung zugänglich gemacht und in festgelegten Intervallen aktualisiert. Die Einzelscheibenverfolgung arbeitet auf der Kopie der Daten und ist unabhängig von der aktuellen Belastung der Werkstattsteuerung bezüglich Antwortzeit und Systemverfügbarkeit. Der Datenbestand beider Systeme ist hierbei jedoch nur zur Zeit des gegenseitigen Aktualisierens konsistent. Die Zeitintervalle müssen daher derart an den Betrieb in der Fertigung angepaßt sein, daß die zeitweise Inkonsistenz keine Fehlbearbeitung von Losen bewirken kann und den Betrieb der Fertigungsgeräte durch fehlende Information nicht beeinträchtigt.

Über die zeitliche Orientierung des Zugriffs hinaus kann zwischen direkten Zugriffen auf Schnittstellen des Werkstattsteuerungssystems oder indirekten Zugriffen auf die zugehörige Datenbank unterschieden werden.

Funktionsumfang der Schnittstelle	Varianten für die Ausführung der Schnittstelle		
ereignisgesteuert direkt	Prozeßleitsystem	Softwarebus	Programmier- schnittstelle Werk- stattsteuerung
zeitgesteuert indirekt	Programmier- schnittstelle Datenbank	Kommandoschnittstelle Datenbank (1)	
ereignisgesteuert indirekt	Programmier- schnittstelle Datenbank	Kommandoschnittstelle Datenbank (1)	
(1)z.B. Standardized Query Language (SQL)			

Bild 52   Varianten für die Ausführung der Schnittstelle zur Werkstattsteuerung

Ereignisgesteuerter, direkter Zugriff bei Bedarf

Bei dieser Variante wird der Zugriff der operativen Ebene vom Werkstattsteuerungssystem registriert und im Rahmen der Verarbeitungsgeschwindigkeit unmittelbar beantwortet. Die notwendigen Mechanismen müssen vom Hersteller des Werkstattsteuerungssystems bereitgestellt werden. Die in der Mikroelektronik in Deutschland eingesetzten Systeme bieten hierfür eine über ein Netzwerk zugängliche Schnittstelle mit parametrierbaren Anfragen und Befehlsfunktionen.

Zeitgesteuerter, indirekter Zugriff

Der Zugriff erfolgt indirekt auf den Datenbestand des Werkstattsteuerungssystems und nicht über eine definierte Befehlsschnittstelle. Der Zugreifende ist verantwortlich für die korrekte Navigation und Manipulation des Datenbestandes. Die notwendigen Mechanismen müssen nicht vom Hersteller des Werkstattsteuerungssystems bereitgestellt werden. Der Hersteller der jeweils in das Werkstattsteuerungssystem integrierten Datenbank liefert i.d.R. neben einer Programmierschnittstelle auch vereinfachte Datenbankschnittstellen, z.B. konform zur Standardized Query Language (SQL) oder vergleichbarer herstellerspezifischer Datenabfrage- und -manipulationssprachen. Der Zugriff erfolgt weiterhin zeitgesteuert. Alle Änderungen des Datenbestandes erfolgen unabhängig auf operativer Ebene und auf Werkstattsteuerungsebene. Zu definierten Zeitpunkten werden die Datenbestände abgeglichen.

Ereignisgesteuerter, indirekter Zugriff bei Bedarf

Der Zugriff erfolgt wie bei der zeitgesteuerten Zugriffsmethode indirekt auf den Datenbestand des Werkstattsteuerungssystems. Der Zugriff erfolgt jedoch jeweils bei Bedarf. Die Datenbestände auf operativer Ebene und in der Werkstattsteuerung sind damit konsistent. Art und Geschwindigkeit des Zugriffs werden von der verwendeten Datenbank auf Werkstattsteuerungsebene und ihrer Konfiguration bestimmt.

Die Zugriffsart auf die Werkstattsteuerung muß anwendungsspezifisch wählbar sein, die Festlegung auf eine Variante schränkt die Anwendbarkeit in bestehenden Fertigungen ein. Der ereignisgesteuerte Zugriff ist dann notwendig, wenn eine hohe Aktualität der Losbewegungen mit einer zeitlichen Auflösung unterhalb der Bearbeitungszeiten auf Werkstattsteuerungsebene notwendig ist. Die Entscheidung über die direkte Buchung an der Werkstattsteuerungsschnittstelle oder die indirekte Buchung an der Datenbank ist von den Eigenschaften der eingesetzten Systeme und der verfügbaren Zeit bzw. den Resourcen abhängig. Der zeitgesteuerte Zugriff kann dann geeignet sein, wenn die Leistungsfähigkeit des Werkstattsteuerungssystem für die aus einer ereignisorientierten Aktualisierung resultierenden Buchungen nicht ausreicht.

6.5.3 Einzelscheibenverfolgung als Teil der Werkstattsteuerung

Das entwickelte System zur Einzelscheibenverfolgung kann als wahlweises Zusatzmodul in zukünftige Werkstattsteuerungssysteme, die auch in flexiblen Fertigungen eingesetzt werden sollen, integriert werden. Die Module zur Einzelscheibenverfolgung arbeiten weiterhin über Bediengeräte mit der operativen Ebene zusammen, Mischlosbildung und -trennung erfolgen weiterhin auf Bedieneranforderung mit Unterstützung durch das Regelwerk. Die Schnittstellengestaltung zwischen Werkstattsteuerung und Einzelscheibenverfolgung entfällt jedoch, da ein gemeinsames konsistentes Datenmodell verwendet wird, das durch die Zusammenfassung der zu verwaltenden Datentypen beider Ebenen erstellt wurde. Dieser Ansatz bedingt jedoch auch zusätzliche Aufwände z.B. bei der Gestaltung von Auswertungen auf dem Datenbestand. Das gemeinsame Datenmodell ist komplexer als die getrennten Modelle und Auswertungen müssen daher in komplexeren Beziehungen zwischen den Datentabellen navigieren sowie aufgrund der resultierenden Rechenbelastung auf Zugriffsgeschwindigkeit hin optimiert werden.

6.6 Systemstruktur

6.6.1 Funktionsaufteilung auf operativer Ebene

Auf operativer Ebene wurden im Rahmen der Entwicklung die Komponenten zur Mischlosverwaltung, Identifikation, Umhordung und der Schnittstellen zu Werkstattsteuerung und Gerätetechnik herausgearbeitet. Im nächsten Schritt können diese als logische Verarbeitungsprozesse betrachtet und bezüglich der Möglichkeiten der zentralen oder dezentralen Ausführung untersucht werden. Diese logische Strukturierung ist noch rein funktional orientiert; in der physikalischen Ausführung können auch zentrale Funktionsmodule z.B. zur Steigerung der Verarbeitungsgeschwindigkeit durch eine Gruppe koordinierter dezentraler Verarbeitungsprozesse realisiert werden.

Bild 53 stellt die logische Systemstruktur dar. Auslöser jeder Umhordung oder Bearbeitung ist die Einbuchung einer Materialgruppe, wobei die Information zur arbeitsplatzspezifischen Ablaufsteuerung (Umhorden: 2, Prozeßgerät: 7) weitergegeben wird. Im nächsten Schritt holt die Ablaufsteuerung die für die Validierung der geplanten Umhordung/Bearbeitung notwendige Information von der Mischlosverwaltung (nach 3/8). Die Materialverwaltung als Informationsdrehscheibe holt die von der Ablaufsteuerung angefragten Daten entweder aus der Einzelscheibendatenbank (9) auf operativer Ebene oder von der Werkstattsteuerungsebene (9a). Der Datenspeicher für die Einzelscheibendaten stellt die Information in der entwickelten Materialstruktur (Scheiben, Lose, Mischlose, Chargen, Transporthilfsmittel) bereit und wird nur durch die Mischlosverwaltung manipuliert bzw. gelesen. Nach Erhalt der angefragten Daten erfolgt die Validierung in der jeweiligen Ablaufsteuerung. Im Fall der Umhordung muß hier der geplante Vorgang anhand der Regeln überprüft werden. Bei positiver Prüfung wird die für die Bearbeitung notwendige Information (Umhorderezept/-regeln, Prozeßrezept) an die Geräteschnittstellen (Umhordeschnittstelle: 10, Geräteschnittstelle: 11) weitergegeben.

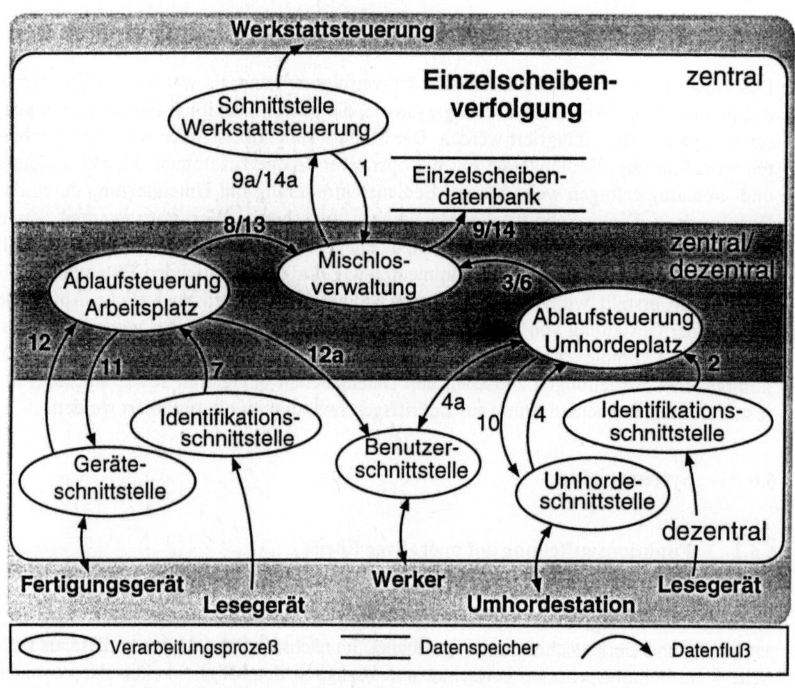

Bild 53   *Datenflüsse und zentrale/dezentrale Systemstruktur*

Die Schnittstellen isolieren die eigentlichen Geräte und sorgen für die jeweilige Datenübertragung mit Hilfe des korrekten Übertragungsprotokolls. Über diese Schnittstelle werden auch laufende Gerätemeldungen zur Überwachung des Betriebes erfaßt (vom Umhordevorgang: 4, vom Bearbeitungsprozeß: 12). Parallel werden die benutzerrelevanten Information an die Benutzerschnittstelle weitergegeben (nach 4a und 12a). Die Informationsflüsse, die sich auf Veränderungen der Mischlosstruktur oder abgeschlossene Bearbeitungen beziehen, werden an die Mischlosverwaltung weitergegeben (nach 6 und 13). Die Mischlosverwaltung hält die Information in der Einzelscheibendatenbank aktuell (nach 14) und gibt selektierte Information (losrelevante und loshistorienrelevante Zustände) an die Werkstattsteuerung (nach 14a). Der Datenfluß 1 zeigt an, daß jederzeit seitens der Werkstattsteuerung Einfluß über Losfreigaben oder Lossperrungen auf den operativen Betrieb genommen werden kann.

Die Schnittstelle zur Werkstattsteuerung sowie der Datenspeicher für die Mischlose müssen zentral ausgeführt werden. Beide Komponenten sind Informationsquellen für Daten zur Validierung des nächsten Prozeßschrittes. Die Information muß daher ständig konsistent und aktuell sein. Die jeweiligen Schnittstellen zu Fertigungsgeräten, Umhordeeinrichtungen, Lesegeräten für Materialkennungen und die Bedienerschnittstellen sind dezentraler Natur und müssen auf die jeweilige Infrastruktur am Arbeitsplatz angepaßt werden. Die Funktionen der Mischlosverwaltung und der Ablaufsteuerung von Umhordung oder Gerät können sowohl zentral als auch dezentral ausgeführt werden.

Zentrale Mischlosverwaltung

Die zentrale Mischlosverwaltung als Grenzfall kann auch als unterlagerte Werkstattsteuerungsebene definiert werden. Alle Validierungsfunktionen (Korrektheit von Los, Gerät und Rezept) und Steuerungsfunktionen durch die Ablaufsteuerung arbeiten zentral. Um diesen Ansatz zu realisieren, müssen alle Datenflüsse zwischen den zentralen Ablaufsteuerungen für Prozeß bzw. Umhordung und den Schnittstellenprozessen mit Hilfe einer normierten Sprache arbeiten.

Dezentrale Mischlosverwaltung

Die dezentrale Gestaltung der Funktionen als weiterer Grenzfall wird durch die Gestaltung dezentraler, gerätebezogener Funktionsblöcke gebildet, die alle notwendigen Funktionen zur Validierung, Rezeptvorgabe und Schnittstellengestaltung beinhaltet. Jedes Gerät und jede Umhordestation besitzt ein eigenes angepaßtes Modul für die Validierungen und den Zugriff auf die Mischlosverwaltung. Jedes dezentrale Arbeitsplatzsystem muß daher auch die Entscheidungskompetenz besitzen, Information bei der Einzelscheibendatenbank oder der Werkstattsteuerung anzufordern.

Zentral-dezentrale Mischlosverwaltung

Diese Variante ist angelehnt an die zentrale Struktur. Die Mischlosverwaltung erfolgt zentral, die Ablaufsteuerungen werden dezentral ausgeführt und arbeitsplatzspezifisch angepaßt. Zusätzliche gerätespezifische Einstellungen zu einem zentral vorgegebenen Prozeßrezept werden dezentral verwaltet.

Bei der Bewertung nach Bild 54 zeigt sich die generelle Stärke dezentraler Ansätze (dezentral, zentral-dezentral 2) bei der geräte- und arbeitsplatzbezogenen Abbildung spezifischer Abläufe und Bedienfunktionen.

Die Anpassung aller dezentralen Arbeitsplatzsysteme an die Werkstattsteuerungsschnittstelle behindert jedoch die praktische Umsetzung. Die zentrale Ausführung der Ablaufsteuerung unterstützt die arbeitsplatzspezifische Anpassung der Validierungsprozedur und Bedienfunktionen nicht, da hier eine allgemeingültige parametrierbare Prozedur gültig für alle Arbeitsplätze gefunden werden muß. Die Variante zentral-dezentrale Systemstruktur basiert auf der Definition einer weiteren Schnittstellenebene zwischen geräteabhängigen und geräteunabhängigen Validierungs- und Rezeptverwaltungsfunktionen und bietet einen geeigneten Kompromiß als Grundlage der weiteren Arbeit. Die Schnittstellenschicht isoliert zentrale Mischlosverwaltungsfunktionen von dezentralen und arbeitsplatzspezifisch anpaßbaren Validierungsfunktionen.

Bewertungskriterien	Varianten für die Funktionsaufteilung		
	zentral	dezentral	zentral-dezentral
Vermeidung von Fehlprozessierung	+	+	+
anpaßbare Bedienerführung für den Werker	o	+	+
anpaßbar an bestehende Werkstattsteuerungssysteme	+	-	+
anpaßbar an manuellen, teilmanuellen, automatischen Betrieb an Arbeitsplätzen	o	+	+

+ unterstützt   o neutral   - behindert   ▨ ausgewählt

Bild 54   Bewertung der Varianten für die Systemstruktur

6.6.2 Systemkomponenten und Werkzeuge für die Realisierung

Anhand der funktionalen Merkmale der Komponenten der Einzelscheibenverfolgung können die Alternativen für Werkzeuge und einsetzbare Teilkomponenten zur Realisierung des Systems aufgestellt werden. Wesentliche, aus der Entwicklung abgeleitete Funktionsblöcke sind:

- Verarbeitungsprozesse für Materialverwaltung und Schnittstellen

- Datenverwaltung (Einzelscheibendaten, Mischlosdaten)

- Schnittstellen für die interne Kommunikation der verschiedenen Verarbeitungsprozesse

- Schnittstelle zur Werkstattsteuerung

- Vernetzung und Schnittstellengestaltung zu Fertigungsgeräten, Identifikationseinrichtungen und gerätespezifisch optionalen Industrieterminals

Für die Datenverwaltung wird heute bei größeren Systemen durchgängig nicht mehr auf Dateisysteme mit Eigenentwicklungen bezüglich der gegenseitigen Zugriffssicherung zurückgegriffen. Datenbanken, die diese Mechanismen bereits beinhalten, werden als Zukaufteile eingesetzt. Generell können sowohl relationale als auch objektorientierte Datenbanken verwendet werden. Objektorientierte Datenbanken bieten eine geeignete Struktur auf der Basis einer gegenständlichen Sicht zur Verwaltung der Daten von Fertigungssystemen (Los, Maschine, Produkttyp etc.). Beim Einsatz von relationalen Datenbanken müssen die Strukturen auf die eingeschränkte Abbildungsfähigkeit der Datenbank hin angepaßt werden. Hierfür existieren jedoch erprobte Methoden und Hilfsmittel.

Die Entscheidung für die Mechanismen der Interprozeßkommunikation und die Festlegung der Kommandosprache sind grundlegender Natur. Diese Entwurfsentscheidungen legen wesentliche Randbedingungen für die spätere Integration zusätzlicher Softwarepakete fest. Die Stärke von Prozeßleitsystemen liegt in der vereinfachten Einbindung zusätzlicher Module an laufenden Systemen, da die gesamte Kommunikation der Verarbeitungsprozesse über globale Datenstrukturen erfolgt, die die Prozesse voneinander isolieren. Bei entsprechender Konfiguration werden laufende Verarbeitungsprozesse nicht beeinträchtigt, wenn direkte Kommunikationspartner momentan nicht verfügbar sind. Bei Softwarebussen müssen für jeden Informationsaustausch sowohl Sender wie auch Empfänger betriebsbereit sein. Störungen bei einzelnen Verarbeitungsprozessen bewirken daher stärkere Beeinträchtigungen des Gesamtsystems als dies bei der Verwendung von Prozeßleitsystemen der Fall ist. Die strikte Modularisierung des Gesamtsystems ohne global definierte Datenstrukturen zwischen den Prozessen erleichtert jedoch die Pflege komplexer Systeme. Einige Systeme vereinen die Funktionen beider Typen.

Die Auswahl des Werkzeugs zur Erstellung der internen Verarbeitungsprozesse wirkt sich auf die spätere Verarbeitungsgeschwindigkeit und den Aufwand für Änderungen und Erweiterungen aus. Tendenziell unterstützt die Verwendung von Compilern die Einsparung von Investitionen (leistungsärmere bzw. nicht verteilte Hardware verwendbar). Verarbeitungsprozesse, die mit Interpretern erstellt werden, ermöglichen vereinfachte Weiterentwicklungen, insbesondere dann, wenn Änderungen der Verarbeitungslogik am laufenden System unterstützt werden. Die Hersteller von Prozeßleitsystemen und Softwarebussen bieten häufig in das System integrierte Interpreter mit angepaßtem Sprachumfang speziell für Automatisierungsaufgaben an.

Die Auswahl der Vernetzungsart für Geräte und Identifikationssysteme wird weitgehend von der bestehenden Infrastruktur bestimmt. Aufgrund der in allen Fertigungen vorhandenen Netzwerkinfrastruktur (Ethernet Busstruktur oder Token Ring Ringstruktur) werden seriell anzuschließende Geräte überwiegend nicht mehr mit seriellen Stern- oder Busverkabelungen sondern mit kurzen Stichleitungen zu Terminalservern (Umsetzern von seriellen Signalen in netzwerkkompatible Protokolle) integriert.

Für die Definition der Schnittstellen zwischen Verarbeitungsprozessen kann auf den von der International Standards Organization ISO definierten Befehlssatz des Manufacturing Message Specification Interfaces (MMS-I) oder auf die von der US-basierten SEMATECH Vereinigung veröffentlichten Virtual Factory Equipment Interface (VFEI) Spezifikation zurückgegriffen werden. Die VFEI Spezifikation ist speziell für die Verwendung in der Mikroelektronik ausgelegt. MMS-I definiert stark verallgemeinerte Dienste und ist branchenunabhängig verwendbar, der Einsatz für die Einzelscheibenverfolgung erfordert aus diesem Grund jedoch die Konkretisierung der Definitionen auf den speziellen Anwendungsfall. Es gibt spezifische Auslegungen von MMS für verschiedene Industrien, jedoch nicht für die Mikroelektronik. Sowohl MMS als auch VFEI definieren die Nachrichten für die Kommunikation zwischen Geräteschnittstellen und übergeordneten Ablaufsteuerungen. Die Entscheidung für ein System zur Interprozeßkommunikation beinhaltet die Entscheidung für einen Befehlssatz, da alle entsprechenden Werkzeuge auf einem der beiden standardisierten oder einem firmenspezifischen Befehlssatz basieren.

In Bild 55 sind die Varianten für die einzelnen Systemkomponenten dargestellt.

Funktionsblöcke Einzelscheibenverfolgung	Varianten für Werkzeuge und Systemkomponenten				
Werkzeug zur Erzeugung der Verarbeitungsprozesse	Interpreter	Compiler			
Werkzeug für die Kommunikation der Verarbeitungsprozesse	Prozeßleitsystem	Softwarebus	Betriebssystemdienste		
Schnittstellenspezifikation für die Verarbeitungsprozesse	ISO MMS-I	SEMATECH VFEI	eigene Spezifikation		
Datenverwaltung	Dateien	relationale Datenbank	objektorientierte Datenbank		
Ausführung der Schnittstelle zur Werkstattsteuerung	Prozeßleitsystem	Softwarebus	Programmierschnittstelle	Datenbankschnittstelle	Betriebssystemdienste
Vernetzung optionaler Industrieterminals und Identifikationssysteme	serieller Bus	Feldbus	Ethernet	Token Ring	
Vernetzung der Fertigungsgeräte	serielle Sternverkabelung	serieller Bus	seriell bis Terminalserver, weiter Ethernet oder Token Ring		

Bild 55   Varianten für die Komponenten und Werkzeuge zur Realisierung der Einzelscheibenverfolgung

7 Realisierung und Erprobung

7.1 Vorversuche zum Verfahren zur Mischlosbildung

Im Rahmen einer Voruntersuchung soll der Nutzen des Verfahrens zur Mischlosbildung in der Praxis an einer bestehenden Fertigungslinie für kundenspezifische Schaltkreise auf der Basis von 150 mm Scheiben und einem CMOS Prozeß mit 0,5 bis 0,8 µm Strukturbreite mit 3 Metallisierungsebenen eingesetzt werden. Aufgrund der Entwicklung hin zu kurzfristigen Bestellungen von kleinen Mengen durch die Kunden beträgt die Losgröße eines erheblichen Teils der Aufträge etwa 6 bis 12 Scheiben, wobei die in dieser Arbeit untersuchten Zusammenhänge eine Einbuße an der Auslastung insbesondere von Vakuumgeräten und Lithographieanlagen bewirken.

Das entwickelte Verfahren zur Mischlosbildung soll probeweise umgesetzt werden, um die errechnete Durchsatzsteigerung zu verifizieren ohne zunächst Infrastrukturmaßnahmen wie die Beschaffung der Komponenten für die Einzelscheibenverfolgung vorzunehmen. Die Zahl der Arbeitsplätze, an denen Mischlose gebildet werden sollen, muß eingeschränkt werden, um jeweils den notwendigen Platz und die reinraumtechnische Umgebung zur beschädigungsfreien und verwechslungsfreien manuellen Umhordung ohne unterstützende Gerätetechnik sicherzustellen. Es sollen auch nur bestimmte Produkttypen zu Mischlosen vereinigt werden, da aufgrund des zunächst fehlenden Systems zur Einzelscheibenverfolgung die gesamte Scheibenverfolgung mit Hilfe von papiergestützten Laufkarten und minimaler informationstechnischer Unterstützung in Form elektronisch gespeicherter Scheibenlisten erfolgen muß.

Aufgrund von Berechnungen unter Berücksichtigung des herrschenden Spektrums an Kundenbestellungen ergibt sich in der betrachteten Fertigung ein anzunehmender größter Nutzen vor dem Prozeßmodul der ersten Kontaktschicht. Daher wird die Mischlosbildung durchgängig für alle Lose in der Fertigung, jedoch begrenzt auf die Mischlosgründung vor der Kontaktschicht eingeführt. Nach 3 Monaten Testbetrieb ergibt sich eine durchschnittliche Zunahme des Durchsatzes und der Auslastung der gesamten Fertigung von ca. 9%. Da während der Versuchszeit keine Erweiterungsinvestitionen an Fertigungsgeräten vorgenommen wurden und keine Veränderung des Auftragsspektrums der Kunden außerhalb der üblichen Schwankungsbreite eintrat, ist diese Verbesserung der Wirtschaftlichkeit der Fertigung wesentlich auf die Einführung der Mischlosverwaltung zurückzuführen. /KLU95, SMA95B/

7.2 Realisierung des Systems zur Einzelscheibenverfolgung

7.2.1 Randbedingungen

Für eine geplante Halbleiterfertigungslinie für Scheiben der Größe 150 mm soll ein System zur Einzelscheibenverfolgung realisiert werden, um flexible Losgrößen durch Mischlosbildung wirtschaftlich fertigen zu können. Die Fertigungslinie umfaßt etwa 60 Fertigungsgeräte mit einem gesamten Investitionsvolumen von ca. 250 Mio DM. Geplant ist ein flexibler Reinraum mit einstellbarer Erstluftqualität zwischen Reinraumklasse 1 in den lokalen Reinräumen um die Geräte herum und Klasse 1000 im übrigen Bereich. Die Kassetten sollen über SMIF kompatible Be- und Entladevorrichtungen in die lokalen Reinräume um die Geräte herum eingebracht werden. Die Produktvielfalt wird hoch angesetzt, da neben einer Grundlastfertigung anwendungsspezifischer Bauteile in Losgrößen bis 25 Scheiben auch Forschungs- und Entwicklungslose in geringen Losgrößen ab 1 Scheibe gefertigt werden sollen /HEU95/. Hier solle die Fertigung von Mischlosen zu einer Durchsatzsteigerung der Fertigungsgeräte führen, so daß hinreichende Kapazität zur Abwicklung der Grundlastproduktion zur Verfügung steht. Mit Hilfe von Voruntersuchungen wird ermittelt, daß zwei Fertigungsbereiche maßgeblich als Engpässe wirken. Zum einen handelt es sich um den Lithographiebereich, in dem nur eine Lithographieanlage in der konventionellen Ausführung als direktverkettetes System von Vorbeschichter, Belacker, Entwickler und Heiz-/Kühlkammern vorhanden ist. Zusätzlich stellt der Implanterbereich mit nur einem Gerät einen weiteren Engpaß dar. Der Durchsatz beider Gerätetypen, der direktverketteten Lithographieanlage und des Implanters als Hochvakuumgerät mit erheblichen Abpump- und Belüftungszeiten, ist gemäß den Ergebnissen dieser Arbeit erheblich vom Füllgrad der zu beladenen Kassetten abhängig. Erschwerend für die Lithographie kommt in diesem Einsatzfall hinzu, daß kein in die Anlage integrierter Belichter verfügbar ist, so daß alle Lose die direktverkettete Anlage doppelt (Sequenz der Vorbeschichtungs-/Belackungsprozesse, Sequenz der Entwicklungsprozesse) anlaufen müssen. Die Beschaffung zusätzlicher Fertigungsgeräte zur Beseitigung der bekannten Engpässe ist aufgrund der begrenzten Investitionsmittel derzeit nicht möglich.

Da es sich bei dem überwiegenden Teil der Fertigungsgeräte um aktuelle Modelle handelt, sind die Voraussetzungen für die Automatisierbarkeit durch Verfügbarkeit von Datenschnittstellen nach dem Stand der Technik gut. Die Erprobungszeit der Einzelscheibenverfolgung wird während der Anlaufphase der Fertigungslinie durchgeführt. Hierbei werden vorwiegend kleine Losgrößen zwischen 2 und 8 Scheiben mit einem statistischen Mittel von 4 Scheiben verarbeitet, da bei der Prozeßerprobung die vielfältige Variation von Prozeßparametern (zahlreiche unterschiedliche Prozesse und damit Produkte) bei möglichst geringen Kosten (keine verkaufbaren Scheiben) im Vordergrund steht.

7.2.2 Entwurf der Architektur und Realisierung

Auf der Basis des konzipierten Verfahrens zur Mischlosbildung und des entwickelten Systemkonzeptes wird eine Architektur auf der Basis verfügbarer Softwarekomponenten aufgestellt. In Bild 56 ist die Gesamtarchitektur des Systems dargestellt.

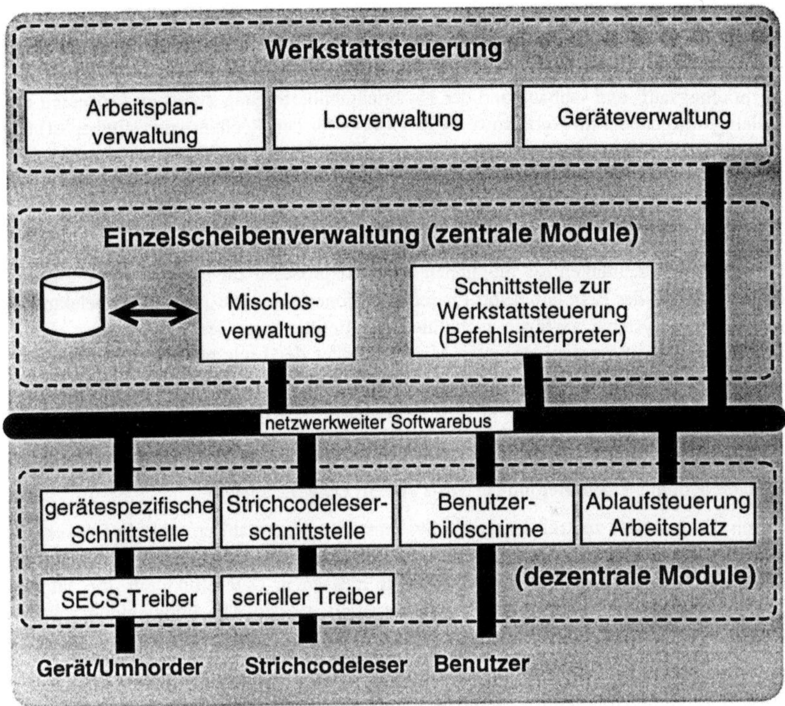

Bild 56   Architektur und Softwarekomponenten des Systems zur Einzelscheibenverfolgung

Zentrale Mischlosverwaltung

Die direkte Umsetzung der entwickelten Datenstrukturen der Materialverwaltung erfordert die Verwendung eines objektorientierten Datenbanksystems. Wegen der in der industriellen Fertigung bisher nicht ausgiebig erprobten Dauerbetriebsstabilität objektorientierter Datenbanken soll auf eine relationale Datenbank zurückgegriffen werden, da hier langjährige Erfahrungen vorliegen. Durch die Überarbeitung des konzeptionellen Entwurfes der Materialverwaltung können die Datenstrukturen derart gestaltet werden, daß relationale Beziehungstypen hinreichend sind. Für die Umsetzung des Datenmodells der Einzelscheibendatenbank wird die relationale Datenbank" Oracle" des gleichnamigen Herstellers mit standardisierter Abfrageschnittstelle (Standardized Query Language

"SQL") eingesetzt. Die Anwendungslogik und Benutzerführung zur Bedienung der Einzelscheibenverfolgung wird mit Hilfe des graphischen Maskenentwicklungssystems "Forms4" und der Programmiersprache "plsql" des Datenbankherstellers Oracle entwickelt.

Kommunikation der Verarbeitungsprozesse

Für die Kommunikation der Verarbeitungsprozesse des Systems wird der Softwarebus "CELLworks" des in den USA beheimateten Herstellers "FASTech" zur transaktionsorientierten Interprozeßkommunikation ausgewählt, der die Funktionen des Verbindungsauf- und -abbaus und der Nachrichtenübertragung zwischen Prozessen auf beliebigen Rechnern im Netz (soweit CELLworks für den Rechnertyp verfügbar ist) bereitstellt. Die Geräteschnittstellen werden mit dem Werkzeug "Grapheq" des gleichen Herstellers entwickelt, das die Definition der Schnittstellenfunktionen mit Hilfe von Zustandsdiagrammen und Konfigurationstabellen erlaubt.

Als Werkstattsteuerungssystem kommt eine Eigenentwicklung zum Einsatz. Kommerzielle Systeme schränken die möglichen Geschäftsprozesse zur Definition von Stammdaten, z.B. bei der Erstellung von Prozeßdefinitionen, ein. Die in der Mikroelektronik eingesetzten Systeme verfügen nicht über frei definierbare Geschäftsprozesse. Diese Einschränkung ist für den geplanten Mischcharakter der Linie aus Fertigung und Forschung nicht akzeptabel. Für eine spätere Überführung in eine nahezu reine Produktionslinie werden die Schnittstellen zu den kommerziellen Systemen Workstream, Promis und FactoryWorks konzeptionell berücksichtigt, um einen Austausch des Werkstattsteuerungssystems vornehmen zu können. Die Gesamtentwicklungszeit aller Module beträgt bis zum Beginn der Tests vor Ort etwa 6 Monate.

Durch die gewählte zentral-dezentrale Systemstruktur kann auf erprobte Softwarekomponenten zurückgegriffen werden, die konfiguriert und modular zum Gesamtsystem kombiniert werden. Wesentliche Eigenanteile müssen in Datenstrukturen, die auf Zugriffsgeschwindigkeit hin optimiert sind, investiert werden. Die Entwicklungszeit des Gesamtsystems beträgt etwa 9 Monate ohne nachträgliche Anpassungen der Benutzeroberfläche an Bedienerbedürfnisse nach der ersten Betriebsphase. /DUD95/

Bild 57 zeigt die Grundkonfiguration eines Arbeitsplatzes mit Fertigungsgerät. Material wird in SMIF kompatiblen Boxen transportiert und gelagert, wobei Strichcodeetiketten zur Identifikation dienen. Diese Etiketten sind mit Hilfe von Kunststoffträgern zwischen Boxen übertragbar, so daß an Geräten, an denen das Material die Box wechselt, der Bediener die Kennung an die Empfängerbox anbringen kann. Auf diese Weise kann die Funktion der übertragbaren, maschinenlesbaren Kennung zu einem Bruchteil der Kosten eines elektronischen, schreib-/lesbaren Kennungssystems realisiert werden. Die Verwechslung von Kennungsträgern wird durch die geeignete Gestaltung der Arbeitsplätze und entsprechende Arbeitsanweisungen ausgeschlossen. An Ein- und Ausgangsregalen sowie Geräten sind in der Grundkonfiguration je zwei Strichcodeleser in farblich abgesetzter Kennzeichnung für das Ein-/Ausbuchen angebracht. Die Strichcodeleser werden von den Schnittstellenprogrammen ständig überwacht. Das Einbuchungssignal löst vollautomatisch alle Aktionen der Validierung und der Einstellung des Prozeßrezeptes am Gerät aus. Das Ausbuchen bewirkt vollautomatisch alle Aktionen zur Aktualisierung der Historien. Es sind im Normalbetrieb auch bei komplexen Mischlosen keinerlei Eingaben des Bediener für die Einzelscheibenverfolgung am Terminal notwendig. Das Terminal dient der Bedienerführung und zeigt die Zusammensetzung des aktuell identifizierten Mischloses sowie die Validierungsdaten an. Die Buchung an den Regalen dient der physikalischen Ortsverfolgung der Boxen.

Bild 57   Materialfluß und Infrastruktur an einem Arbeitsplatz

Die Grundkonfiguration eines Umhordeplatzes ist in Bild 58 dargestellt. Bei der Neubildung von Mischlosen oder Chargen werden Kennungen notwendig. Die Benutzerführung am Bedienterminal informiert über die Regelkonformität geplanter Mischlosbildungen und unterstützt bei der Erzeugung neuer Kennungen. Die Strichcodeleser an der Umhordestation sind in Verbindung mit der Präsenzkontrolle und Boxverriegelung an den Beladeplätzen derart geschaltet, daß Verwechslungen ausgeschlossen sind. Nach Identifikation der an den Boxen angebrachten Kennungen wird der Umhordevorgang anhand der vordefinierten Randbedingungen geräteintern vollautomatisch ausgeführt.

Bild 58   *Materialfluß und Infrastruktur an einem Umhordeplatz*

Bei der Umhordung von Losen, Mischlosen und Chargen sowie der Zuführung und Absonderung von Monitorscheiben werden dynamisch Leerboxen benötigt bzw. frei. Hierfür steht ein Leerboxenregal zur Zwischenlagerung zur Verfügung. Das Leerboxenregal kann in einer zukünftigen Ausbaustufe ebenfalls mit Strichcodelesern aufgerüstet werden. Mit Hilfe von zusätzlichen boxbezogenen Kennungen neben den Materialkennungen können hier die verfügbaren Leerboxbestände überwacht werden sowie die Benutzungsdauer der Boxen seit der letzten Reinigung abgefragt werden, so daß freiwerdende Boxen mit einer entsprechenden Betriebsstundenzahl zur Reinigung abgezweigt werden.

7.2.3   Erprobung

Die Fertigungsstätte wird unter Verwendung des Systems zur Einzelscheibenverfolgung in Betrieb genommen. Begleitend zur Aufstellung der Geräte werden die Stammdaten für Einzelprozesse, Prozeßmodule und Gesamtprozesse im Werkstattsteuerungssystem definiert. Unter den beschriebenen Randbedingungen und dem Produktmix während der Anlaufphase der Linie können durchschnittlich etwa 4 Lose mit einem Mittel von je 4 Scheiben zu Mischlosen zusammengeführt werden. Daraus ergab sich eine mittlere Größe der gefertigten Mischlose von 16 Scheiben.

Entscheidend für den Erfolg des Verfahrens im Erprobungsbeispiel ist der Einfluß auf die als durchsatzkritisch ermittelte Lithographieanlage (Modell Polaris der Firma FSI) und den Implanter (Modell Extrion 500 der Firma Varian). Bild 59 zeigt den Einfluß der Mischlosbildung auf diese Geräte, wobei der maximal mögliche Durchsatz bei einer Losgröße von 24 Scheiben als Vergleichswert mit aufgetragen wurde. Im Versuch liegen alle Werte um etwa 40% unter den aufgetragenen möglichen Werten, da in der Anlaufphase die nicht verfügbaren Gerätezeiten (Störungen, Instandhaltung, Installationskorrekturen) überdurchschnittlich hoch sind. Das Verhältnis der Werte untereinander ist davon jedoch unberührt.

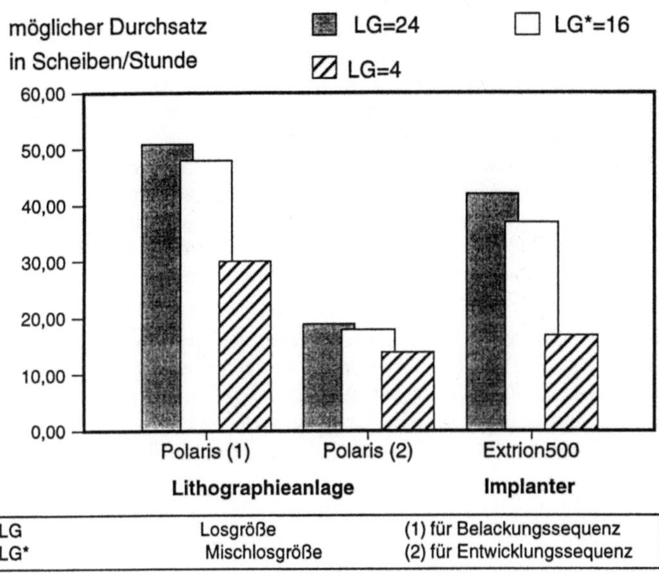

Bild 59   Auswirkungen der Mischlosbildung am Erprobungsbeispiel

Mit Hilfe des Verfahrens zur Mischlosbildung kann der mögliche Durchsatz der kritischen Geräte für die Lithographie und Implantation nahezu auf den maximal möglichen Wert für vollständig gefüllte Kassetten erhöht werden.

7.3   Diskussion der Ergebnisse

Das entwickelte Verfahren zur Mischlosbildung ist zum Verbesserung der Auslastung der Fertigungsgeräte in Halbleiterfertigungen mit flexiblen Losgrößen ab 1 Scheibe geeignet. Der Nachweis des Nutzens konnte sowohl in den Vorversuchen in einer konkreten Fertigung mit einer wechselnden Losgröße zwischen 6 und 12 Scheiben und an einer neuen Fertigungslinie in der Anlaufphase mit neuester Gerätetechnik und einer mittleren Losgröße von 4 Scheiben erbracht werden.

Die absolute Bemessung des Nutzens ist von mehreren dynamischen Faktoren abhängig:

- Spektrum der gefertigten Produkte und der Prozesse

- Bauart und Verfügbarkeit Geräte

- Effektivität der Fertigungssteuerung und Werkstattsteuerung

Das **Produktspektrum** ist der wesentliche Einflußfaktor auf die absolute Höhe des Nutzens der Mischlosbildung, da Randbedingungen wie Prozeßunvertäglichkeiten den Grad der möglichen Mischlosbildung maßgeblich bestimmen.

Wesentliche Unterschiede des Nutzens der Mischlosbildung durch die **Gerätebauart** ergeben sich nach den Untersuchungen in der Analyse nur dann, wenn geräteintern umgehordet wird und in einem Fall Einzelscheiben, im anderen Fall Kassetteninhalte gehandhabt werden. Deshalb ist die Bauart der Geräte im Ofenbereich oder Naßprozeßbereich von Einfluß. Bei den Vakuumgeräten und Lithographieanlagen ergeben sich praktisch keine bauartbedingten Unterschiede für die Möglichkeiten der Mischlosbildung, da generell Einzelkassetten beschickt werden und intern Einzelscheiben aus den Kassetten entnommen und bearbeitet werden. Die neueren Modelle der Vakuumgeräte, die bereits die Möglichkeit der scheibenspezifischen Prozeßrezeptwahl besitzen, sind besonders für den Einsatz in flexiblen Fertigungen mit Mischlosbildung geeignet, da ein Mischlos selbst für unterschiedliche nächste Schritte nicht mehr getrennt werden muß. Der Trend hin zu Einzelscheibenprozessen wird daher in Zukunft weiter verbesserte Randbedingungen für Mischlose in flexiblen Fertigungen bringen.

Die **Geräteverfügbarkeit** ist für den absoluten Nutzen des Verfahrens eine weitere wichtige Eingangsgröße. Die erzielbare Erhöhung an Durchsatz bezieht sich nur auf die Zeit, in der das betrachtete Gerät verfügbar ist. Ergänzende Ansätze zur verbesserten Einplanung von Wartungsmaßnahmen oder Vermeidung von Störungen können mit zur Erhöhung des Gerätedurchsatzes und damit zur erhöhten Wirtschaftlichkeit der Fertigung beitragen.

Die Erhöhung der möglichen Geräteauslastung kann nur dann den Gesamtdurchsatz der Fertigung erhöhen, wenn **Fertigungs- bzw. Werkstattsteuerung** die Bereitstellung von Losen vor den Geräten sicherstellen. Bei den derzeit auftretenden Flußfaktoren von 2,5 bis 5 ist der Bestand hinreichend groß, um Warteschlangen vor den Geräten zu bewirken. Die Mischlosbildung senkt den Bestand an umlaufenden Losen, jedoch nicht an umlaufenden Scheiben, so daß verfügbare Scheiben zur Erstellung der Mischlose vorhanden sind. Wenn die Durchsatzerhöhung der Geräte zur Erhöhung des Ausstoßes genutzt wird, bleibt der Bestand zunächst auch erhalten. Wenn jedoch parallel Maßnahmen zur Verkürzung der Durchlaufzeit vorgenommen werden, wird der verfügbare Bestand an Scheiben sinken und damit die Chance zur Mischlosbildung im statistischen Mittel abnehmen. Ansatzpunkte für eine Lösung können dann möglicherweise in neuen Verfahren der Fertigungssteuerung liegen, die in der Lage sind, die komplexen Scheibenflüsse in einer Fertigung mit Mischlosbildung zur erfassen, die prozeßtechnischen Randbedingungen auf Scheibenebene zu berücksichtigen und Lose dann derart zu steuern, daß durch geplantes Zusammentreffen optimal mischbarer Lose die konkurrierenden Ziele Durchsatzsteigerung und Bestandssenkung weiter verbessert werden.

8   Zusammenfassung und Ausblick

Die Analyse der Hemmnisse für eine wirtschaftliche Fertigung flexibler Losgrößen zeigte, daß flexible Losgrößen ab 1 Scheibe die Auslastung der Fertigungsgeräte signifikant senken und damit den Fixkostenanteil am Produkt erhöhen. Die Analyse und Bewertung der Eingriffsmöglichkeiten zeigte, daß wesentliche Lösungsansätze in der intelligenten Losverwaltung auf operativer Ebene liegen. Durch die ständige Bildung und Trennung von temporären Mischlosen, die auf die jeweiligen Belademengen der Fertigungsgeräte abgestimmt sind, kann die Auslastung gesteigert werden. Weitere Ansätze, die im Rahmen der Analyse ausgegrenzt wurden, bestehen in der Entwicklung neuer Gerätegenerationen und neuer Halbleiterfertigungsprozesse.

In der Arbeit wurde ein Verfahren zur Mischlosbildung konzipiert, das auf der lokalen, arbeitsplatzbezogenen Entscheidungsbefugnis über die Bildung von Mischlosen aus anstehenden Einzellosen auf der Basis vorgegebener Entscheidungsregeln und einer definierten Vorgehensweise basiert. Das Verfahren ist für den Einsatz in bestehenden Fertigungsumgebungen geeignet und kann in Verbindung mit heutiger Gerätetechnik eingesetzt werden. Dieses Verfahren zur Mischlosbildung hat in Vorversuchen unter repräsentativen Bedingungen bei einem ASIC Hersteller eine Erhöhung des Durchsatzes der gesamten Fertigung von 9% ohne Beeinträchtigung der Durchlaufzeit erbracht. Die rein funktional orientierte Konzeption der jeweiligen Lösungsvarianten stellte hier die Betrachtung des jeweils möglichen Lösungsfeldes sicher.

Die Untersuchung verfügbarer und fehlender Systemkomponenten hat gezeigt, daß Entwicklungsbedarf in einem System zur Einzelscheibenverfolgung auf operativer Ebene bestand. Hierfür wurden informationstechnische Modelle für Scheiben, Lose, Mischlose und Chargen entwickelt. Weitere Entwicklungslücken wurden im Bereich intelligenter Umhordestationen mit parametrierbaren Prozeduren für die Erstellung von Mischlosen geschlossen. Diese Umhordestationen stellen die Punkte im Produktfluß dar, an denen Mischlose verfahrenskonform und verwechslungsfrei gebildet und getrennt werden. Besonderes Augenmerk bei der Entwicklung wurde auf die Anpaßbarkeit an die Werkstattsteuerung, die Gerätetechnik, die Identifikation und die arbeitsplatzbezogene Bedienerführung gelegt. Der gewählte Ansatz der Anpassung an die Geräteschnittstellen in Verbindung mit den entwickelten Abbildungsvorschriften für die Einzelscheiben ermöglicht erstmals eine vollständige Einzelscheibenverwaltung in der Fertigung mit scheibenspezifisch zugeordneten Arbeitsplänen, Prozeßdaten und Historien, ohne hierbei den Einsatz neuer Werkstattsteuerungssysteme, die durchgängig auf Losbasis arbeiten, zu erfordern. In den Bereichen Handhabungstechnik und Identifikation waren keine Neuentwicklungen notwendig; es zeigte sich im Rahmen der Entwicklung, daß auf den verfügbaren Stand der Technik zurückgegriffen werden kann.

Mit Hilfe des konzipierten Verfahrens ist die Fertigung flexibler Losgrößen in der Mikroelektronik möglich, ohne Durchsatzeinbußen bedingt durch die Gerätetechnik hinzunehmen. Hiermit ist ausgehend vom gewählten Eingriffsbereich die Fertigung flexibler Losgrößen ab 1 Scheibe in der Mikroelektronik mit einer zu konventionellen Fertigungen vergleichbaren Wirtschaftlichkeit möglich. Die absolute Höhe des Nutzens des Verfahrens ist wesentlich vom Produktspektrum abhängig. Hier besteht eine neue Einflußmöglichkeit für zukünftige Konzepte zur Produktionsplanung. Durch die Verbesserung der Auftragseinplanung bzw. optimierte Lieferzusagen an Endkunden kann der Anteil an frühen Mischlosgründungen mit hoher Reichweite über den Produktionsprozeß gesteigert werden. Ein Ansatz könnte z.B. die dynamische Preisgestaltung für Kundenaufträge in Abhängigkeit von den Auswirkungen der Bestellung auf den Gesamtdurchsatz der Fertigung sein.

Verfahren zur Voraussage des Zusammentreffens von Losen in Verbindung mit der Bewertung der Mischlosfähigkeit durch die Fertigungssteuerung können ebenfalls weitere Verbesserungen des Durchsatzes erbringen. Diese Ansätze erfordern die dynamisch vorausschauende Untersuchung und Bewertung von Entscheidungsvarianten der Fertigungssteuerung unter der besonderen Berücksichtigung der prozeßtechnischen und gerätetechnischen Randbedingungen der Halbleiterfertigung. Hier ist auch im wissenschaftlichen Bereich noch Arbeit zu leisten.

Genereller Entwicklungsbedarf besteht bei der Geräte- und Prozeßtechnik. Durchgängig in der Fertigung abgestimmte Gerätekapazitäten erlauben einen kontinuierlicheren Materialfluß. Ein Ansatz kann die bereits in Forschungsprojekten untersuchte Ablösung von Chargenprozessen durch Einzelscheibenprozesse sein. Die nächste Gerätegeneration für 300 mm Scheiben, deren produktiver Einsatz ab ca. 1998 angesetzt wird, wird hier nach jetzigem Stand der Arbeiten keinen Durchbruch erbringen, da sowohl bei Naßprozessen wie auch Ofenprozesses mit Chargen gearbeitet werden wird. Ausgehend von der Verfügbarkeit von Einzelscheibenprozessen müssen auch die wissenschaftlichen Grundlagen für die geräteübergreifende Gestaltung der Produktumgebung in angepaßter Reinraum-, Vakuum- und Schutzgasumgebung erarbeitet werden.

Die Verfolgung von Einzelscheiben kann Basis für neue Ansätze zur Betrachtung von Defektdichten auf Scheiben- oder Chipebene sein. Regelalgorithmen nutzen die heute ermittelten Daten nur teilweise bzw. lokal in Fertigungsbereichen, da fertigungsübergreifend nur losbezogene Information durchgängig erfaßt werden. Die Korrelation von Prozeßinformationen, Inspektionsdaten und festgestellten Defekten bezogen auf die Einzelscheiben über den gesamten Produktlebenszyklus, gegebenenfalls sogar über die Scheibenfertigung hinaus, kann Aufschluß über bisher unbekannte Wechselwirkungen geben. Der Umstand der Mischlosbildung kann dann zusätzlich genutzt werden, um Defekte bezüglich ihrer Abhängigkeit vom konkreten Produkt zu untersuchen, wenn das Auftreten in Mischlosen bzw. nicht gemischten Losen bezüglich der Häufigkeit oder der Merkmale unterschiedlich ist.

9 Literatur

ADE87   Aderhold, W.; Frühauf, W.; Herz, R.; Kahlden, T. von; Pfitzner, L.; Ryssel, H.; Sauter, K.-D.; Schmutz, W.; Schraft, R.-D.   Studie über den Stand der Technik und zukünftige Anforderungen an Fertigungseinrichtungen zur Herstellung von Halbleiterbauelementen unter Berücksichtigung verschiedener Herstellungsverfahren. BMFT Forschungsvorhaben NT 26970 der Fraunhofer-Einrichtungen, 1987, Fraunhofer-Arbeitsgruppe für Integrierte Schaltungen, Abteilung für Bauelementetechnologie -AIS-B-, Erlangen (Hrsg.), Fraunhofer-Institut für Produktionstechnik und Automatisierung -IPA-, Stuttgart (Hrsg.)

AND29   Andler, K.   Rationalisierung der Fabrikation und optimale Losgrösse. München, Universität München, Diss., 1929

AUT94   Auto-Station Material Control System I-III. Auto-Soft Corporation, 563 West 500 South, Second Floor Bountiful, Utah 84010, 1994

BAR92   Barreveld, H.   Workcell automation in practice. In: IPA-Technologie-Forum Information processing in semiconductor manufacturing, 21.5.1992, Stuttgart/Fraunhofer-Institut für Produktionstechnik und Automatisierung (Hrsg.). Stuttgart: 1992

BEC91   Becker, B.-D.   Simulationssystem für Fertigungsprozesse mit Stückgutcharakter. Berlin u.a.: Springer, 1991. Zugl. Stuttgart, Univ. (IPA-IAO Forschung und Praxis; 154), Diss. 1991

BOEL90   Boelzing, D.   Kennzahlenorientierte Analyse rechnergestützter Fabrikautomatisierung. Darmstadt, Darmstädter Forschungsberichte für Konstruktion und Fertigung, Hrsg. H. Schulz, Diss., 1990

BUR91   Burggraaf, P.   MESC: Is It Working? In: Semiconductor International, October 91 (1991), S. 66 - 70

BUR95   Burggraaf, P.   The Status of Equipment Communications. In: Semiconductor International, December 95 (1995), S. 56 - 61

CAS95   Castrucci, P.   The future fab changing the paradigm. In: Solid State Technology Jan 95 (1995), S. 49ff

DAN83   Dangelmaier, W.; Kühnle, H.   Auswirkungen von Organisationstyp und Fertigungssteuerung auf Grossserien- und Massenfertigung. FhG-Berichte 3/4, 1983, S. 26 - 32

DAN89   Dangelmaier, W.; Becker, B.-D.   An approach for modelling manufacturing processes in order to solve the shop floor control problem. In: Proceedings of ESPRIT CIM-Europe workshop, WZL der TH Aachen, Aachen, 1989

DUD95   Dudde, R.;   Automation in Semiconductor-production Minienviron-
        Staudt-Fischbach, P.;   ments, Flexibility and Information-flow. 1995
        Herzog, O.

ENG92   Engelhard, M.   Lot tracking with electronic runcards. In: IPA-
                                  Technologie-Forum Information processing in
                                  semiconductor manufacturing, 21.5.1992, Stutt-
                                  gart/Fraunhofer-Institut für Produktionstechnik und Au-
                                  tomatisierung (Hrsg.). Stuttgart: 1992

FAC92   SPC Software GmbH: FactoryLink IV, Multiplattform-
                                  version, Technische Kurzbeschreibung. Mannheim 1992
                                  - Firmenschrift

FLU93   Fluoroware: FluoroTrac Auto ID System. North, Chaska,
                                  Minnesota, 55318 USA, 1993 - Firmenschrift

FOC92   hsh - Systeme für Prozessleittechnik: Leitrechner-
                                  System WIZCON/2. Heilbronn, 1992 - Firmenschrift

FOX84   Fox, M. S.;   ISIS-a knowledge-based system for factory scheduling.
        Smith, S. F.   In: Expert Systems, Vol. 1, 84 (1984), S. 25-49

FRI92   Friedrichs, P.;   Fertigungsleittechnik. In: VDI-Z 134 (1992), Nr. 10, Ok-
        Gromotka, W.   tober, S. 112 - 127

GLA91   Glaser, H.;   PPS-Produktionsplanung und -steuerung. Wiesbaden:
        Geiger, W.;   Verlag Gabler, 1991
        Rohde, V.

GRA65   Grandin, F.-H.   Einfluss der Losgrösse auf die Wirtschaftlichkeit von
                                  Walzenstrassen. Aachen, Technische Hochschule, Fakul-
                                  tät für Bergbau u. Hüttenwesen, Diss., 1965

GRE87   Greiner, T.   Ein Algorithmus zur kapazitätsorientierten Bildung von
                                  Losen. / Tilmann Greiner. - Berlin u.a.: Springer, 1988.
                                  Zugl.: Stuttgart, Univ., Diss., 1987

HAL95   Hallum-D-L.   Tool changes in a jiffy - Werkstückwechsel im Nu. Zeit-
                                  schriftenaufsatz: American Machinist, Band 139 (1995)
                                  Heft 1, Seite 41 - 44

HAM94   Hamashima, K.   Many-kinds Small-amount Production in ASIC Factory.
                                  In: International Symposium on Semiconductor
                                  Manufacturing, 1994

HAS96   Hascher, W.   Die Waferfab nach Maß. In: Elektronik 6/96, S. 56-62

HER92   Herzog, O.   Softwarewerkzeug zur Entwicklung flexibler Leitstände.
                                  In: Wissenschaft und Technik, Juli/August 1992, S. 62,
                                  Springer-Verlag

HER92B   Herzog, O.; Schäfer W.   Experiences with workcell integration. In: IPA-Technologie-Forum Information processing in semiconductor manufacturing, 21.5.1992, Stuttgart/Fraunhofer-Institut für Produktionstechnik und Automatisierung (Hrsg.). Stuttgart: 1992

HER92C   Herzog, O.   Einsatzmöglichkeiten von OSF/Motif für Produktionsanlagen im Reinraum. In: Vortragssammlung OSF/Motif-Tage, 1.-3. Juli 1992, IN-Integrierte Informationssysteme GmbH (Hrsg.), Konstanz, 1992, S. 335-348

HER93   Herzog, O.   Alles im Reinen - Fertigungsoptimierung im Reinraum, in: IPA Trendsetter der Produktion, Publikationsgesellschaft Moderne industrie, Fraunhofer-Institut für Produktionstechnik und Automatisierung, Stuttgart (Hrsg.), Stuttgart, 1993, S. 82-85

HER95   Herzog, O.   Qualitätssicherung in Reinräumen. In: IPA-Technologie-Forum Partikelmeßtechnik im Reinraum, Stuttgart/Fraunhofer-Institut für Produktionstechnik und Automatisierung (Hrsg.). Stuttgart: 1995

HEU92   Heuberger, A.   Future technologies for micro electronics and micro systems and the role of Europe. In: International Semiconductor Cooperation Symposium, 7.12.92, Fraunhofer-Institut für Siliziumtechnologie, Berlin (Hrsg.), Berlin, 1992

HEU95   Heuberger, A.   Management and Infrastructure of Fraunhofer-ISiT Facilities. In: International Symposium on the Environmental Impact of Microelectronic Device Fabrication, 27.10.95, Fraunhofer-Institut für Siliziumtechnologie, Itzehoe (Hrsg.), Itzehoe, 1995

HEZ95   Herzog, R.; Schäfer-Kunz, J.   Planen und Optimieren mit der Technik der Simulation. In: VDI Nachrichten (1995), Nr. 43 - Sonderteil Interkama 95, S. 56

HIL63   Hilgenstock, G.   Die Bedeutung von Losgrösse und Walzprogramm für die Kostengestaltung einer Fertigstrasse. Clausthal, F. f. Bergbau u. Hüttenw., Diss., 1963

HOC94   Hochfellner, G.   In-line Betriebsdatenerfassung. Sonderdruck aus Getränkeindustrie 3, 1994

HUT92   Huth, S.   System enabler and application enabler - a new approach to information processing for manufacturing. In: IPA-Technologie-Forum Information processing in semiconductor manufacturing, 21.5.1992, Stuttgart/Fraunhofer-Institut für Produktionstechnik und Automatisierung (Hrsg.). Stuttgart: 1992

JAN93   Jansen, R.   Multisensorsystem für roboterbediente Absackanlagen. Zeitschriftenaufsatz: Zeitschrift für wirtschaftliche Fertigung und Automatisierung ZWF/CIM, Band 88 (1993) Heft 11, Seite 542-544

KLU95   Klumpp, B.   Future SMIF-Integration For Semiconductor Fabrication. In: Proceedings of the 41st Annual Technical Meeting, Institute of Environmental Sciences, 30.4.95, Institute of Environmental Sciences, Anaheim, USA (Hrsg.), 1995

KOI94   Koike, T.   Fundamentals Of Wafer Fab Automation The Forth Generation CIM Fa. In: International Symposium on Semiconductor Manufacturing, 1994

KRE94   Kretschmer, H.   Automatisierungskonzept der Neumarkter Lammsbräu. Sonderdruck aus BRAUWELT, Jahrgang 134 (1994), Nr. 19 (1994), Seite 891-893

KRI93   Krikhaar, J.-W.-M.   IDIM and the mass production of small-lot-size parts. IN Philips, Eindhoven, NL. Zeitschriftenaufsatz: International Journal of Advanced Manufacturing Technology, Band 8 (1993) Heft 6, Seite 352-357

KRO92   Kroth-E.   CAD-programmierter Schweissroboter fertigt Roboterkomponenten. Roboterprogrammierung auf CAD-Systemen für komplexe Schweissabläufe. IN Maschinenfabr. Reis, Oberburg, D. Zeitschriftenaufsatz: Zeitschrift für wirtschaftliche Fertigung und Automatisierung ZWF/CIM, Band 87 (1992) Heft 8, Seite 439-442

KUR93   Kurz, Jochen   Ein Verfahren zur kostenorientierten Produktionsprogramm- und Kapazitätsplanung bei losweiser Montage. Berlin u.a.: Springer, 1994 Stuttgart, Univ., Fak. Konstruktions- und Fertigungstechnik, Inst. für Industrielle Fertigung und Fabrikbetrieb, Diss. 1993 (IPA-IAO Forschung und Praxis; 196)

LIP92   Lipp-H-P.   Fuzzy-Petri-Netze für den Entscheidungsprozess in flexiblen Fertigungssystemen. In: MIT, Aachen, D. Zeitschriftenaufsatz: Mikroelektronik, Band 6 (1992) Heft 5, Seite 290-292, 294

LOH90   Lohse, N.   Fördertechnische Anlagen mit Prozessleittechnik visualisieren. Sonderdruck Zeitschrift wirtschaftliche Fertigung und Automatisierung, 85. Jahrgang 1990/4

LOH92   Lohse, N.   Prozessvisualisierung mit flexiblen Standardwerkzeugen. In: Verfahrenstechnik, Zeitschrift für Planung, Bau und Betrieb von Apparaten und Anlagen, September 1992

MAK94 Makolla-G. Neue Produktionslogistik mit Bereitstellen von Komponenten für die Montage von Pumpen. Konferenz-Einzelbericht: VDI-Berichte, Band 1131 (1994) Düsseldorf, VDI-Verlag, Seite 23-34

MAR96 Minienvironments sorgen für Wachstum. In: Markt&Technik Nr. 15, 12.4.96, S. 43-44

MAT94 Matsuoka, O. CIMS For Cost Effective Manufacturing. In: International Symposium on Semiconductor Manufacturing, 1994

MÄU94 Mäusl, L. Die Datenflut bewältigen. In: productronic 4, 1994, S. 70 - 71

MIT94 Mitranescu, L. Rezepturgesteuerte Chargenprozesse beherrschen. Sonderdruck aus Parfümerie und Kosmetik 5, Hüthig GmbH, Heidelberg, 1994, S. 326-329

MOC93 Mockenhaupt, A. Aufgabenteilung. Hybrid-Arbeitsplatz für schnellen Wechsel von der automatisierten zur manuellen Montage. Univ-GH Essen, D. Zeitschriftenaufsatz: Der Maschinenmarkt, Band 99 (1993) Heft 46, Seite 32-34

MOS92 Moslehi, M. Microelectronics Manufacturing Science and Technology: Single-Wafer Thermal Processing and Wafer Cleaning. In: Texas Instruments Technical Journal, Vol. 9; No. 5, Sept.-Okt. 92 (1992), S. 44

NAK94 Nakamura, S. An Efficient Resource Planning For Semiconductor Manufacturing Lines Using Precise Simulation. In: International Symposium on Semiconductor Manufacturing, 1994

NYH91 Nyhuis, P. Durchlauforientierte Losgrössenbestimmung. Düsseldorf: VDI Verlag, 1991 Hannover. Zugl.: Hannover, Univ., Fak. für Maschinenwesen, Inst. für Fabrikanlagen, Diss., 1991

PAT93 Patzschke & Rasp: MODA und GIPSY im technischen Überblick. Wiesbaden, 1993 - Firmenschrift

PFA94 Pfannemüller, W. Umbau kein Problem. Fördersysteme: Maschinen verknüpfen. Zeitschriftenaufsatz: Industrieanzeiger, Band 116 (1994) Heft 29, Seite 21-22

ROB93 Nur der Arbeitsraum setzt Grenzen. In: Roboter, Juni 1993, S. 28 - 30

ROS92 Rosander, K. Design of production systems for batch production in short series to reduce lead time. In.: Chalmers Univ. of Technol., Göteborg, Zeitschriftenaufsatz: International Journal of Operations and Production Management, Band 12 (1992) Heft 4, Seite 53-60

RUG84   Ruge, I.   Halbleiter-Technologie, 2. Überarbeitete und erweiterte Auflage von Hermann Mader, Springer-Verlag, Berlin 1984

SAC89   Sacket, P. J.;   The control of a flexible manufacturing system by short-term goal identification. In: The International Journal of Advance Manufacturing Technology, 1989, Vol. 4, pp. 123 - 143, Springer-Verlag London
         Fan, I. S.

SAT90   Sauter, K.-D.   Werkstückbegleitender Informationsspeicher als Basis für ein informationstechnisches Konzept für Halbleiterfertigungen. Berlin u.a.: Springer, 1990. Zugl. Stuttgart, Univ. (IPA-IAO Forschung und Praxis; 149), Diss. 1990

SCI90   Schmidt, G.;   Anforderungen an Leitstände für die flexible Fertigung. In: CIM-Management 4/90 (1990), S. 33 - 37
         Frenzel, B.

SCL93   Schlegel-R;   Wirtschaftliche Produktion von Listen- und Zeichnungsmatten in kleinsten Losgrössen. Zeitschriftenaufsatz: Draht, Bamberg, Band 44 (1993) Heft 5, Seite 273-274
         Stalder-C.

SCMT89   Schmitt, E.   Werkstattsteuerung bei wechselnder Auftragsstruktur: Ein Ansatz zur rechnerunterstützten Maschinenbelegungsplanung. Karlsruhe, Institut für Werkzeugmaschinen und Betriebstechnik (IWB) der Universität Karlsruhe, Diss., 1989

SCU95   Schulte, J.   Werkstattsteuerung mit genetischen Algorithmen und simulativer Bewertung. Berlin u.a.: Springer, 1995. Zugl. Stuttgart, Univ. (IPA-IAO Forschung und Praxis), Diss., 1995

SCUM91   Schumicki, G.;   Prozeßtechnologie, 1. Auflage, Berlin u.a.: Springer-Verlag, 1991
         Seegebrecht, P.

SCR89   Schraft, R.-D.;   New Concepts And Processes For Mounting Circuit Boards In Lot Size 1. In: Conference Notes of the 1989 Symposium on Advanced Manufactoring, Center for Robotics and Manufacturing Systems, University of Kentucky, 1989
         Domm, M.E.

SEA95   SEMATECH: Computer Integrated Manufacturing (CIM) Application Framework Specification Version 1.3. Austin, TX, USA, 1996 - Firmenschrift

SEC93   Secrest, J.   GW Associates: SECS Communications Handbook. Sunnyvale, CA, USA, 1993 - Firmenschrift

SEM95   SEMATECH Executive Adresses Key Productivity Challenges. In: Semiconductor International, October 1995, pp. 20 - 24

SEMI95   Equipment Automation/Software Volume 1 + 2. In: Semi International Standards, 1995

- 121 -

SEMI95B		Equipment Automation/Hardware Volume, In: Semi International Standards, 1995
SHI94	Shibata, K.	CIM systems in an Advanced Semiconductor Factory. In: International Symposium on Semiconductor Manufacturing, 1994
SIEW94	Siewert, U.	Systematische Erstellung adaptierbarer Leitsteuerungssoftware am Beispiel der Durchsetzungsplanung, Berlin: Springer-Verlag, 1994
SIL92	Silberring, P.	Chip assembly with wafermapping. In: IPA-Technologie-Forum Information processing in semiconductor manufacturing, 21.5.1992, Stuttgart/Fraunhofer-Institut für Produktionstechnik und Automatisierung (Hrsg.). Stuttgart: 1992
SIN96	Singer, P.	Thermal Processing: The RTP Race Heats Up. In Semiconductor International 3/96 (1996), S. 64-70
SMA95		Smart Fabrication-Klug produzieren. In: Markt & Technik-Wochenzeitung für Elektronik Nr. 19, 5. Mai 1995, S. 20 - 23
SOET95	Soete, W.	Visualisierungssysteme im Vergleich. In: Bedienen & Beobachten, Elektonik-Spezial für Ingenieure und Entwickler, Franzis-Verlag, Ausgabe 21, 1995
STE85	Steinberger, H.	IC-Herstellung: Vom Schaltungsentwurf zum Chip. In: Elektronik 22/31.10.1985, S. 120-128
SUL94	Sullivan, M.; Butler, S. W.; Hirsch, J.; Wang, C. J.	A Control-to-Target Architecture for Process Control. In: IEEE Transactions On Semiconductor Manufacturing, Vol. 7, No. 2, May 1994, pp. 134 - 148
SZE88	Sze, S. M.	VLSI Technology, McGraw-Hill Book Co., New York u.a., 1988
TAN93	Tantz-M.	Planung produktionslogistischer Werkzeugflusssysteme flexibler Teilefertigungen in Maschinenbaubetrieben. Magdeburg, Inst. f. Fabrikautomatisierung u. Fabrikbetrieb, TU Magdeburg, Diss., 1993
TEO94	Teoh-L-L.	Technological developments in near-net-shape casting for mini- steelmills. Zeitschriftenaufsatz: Journal of Materials Processing Technology, Band 44 (1994) Heft 3-4, Seite 249-256

TUO92	De Tuoni, B.	CAM System integration in the silicon wafer manufacturing. In: IPA-Technologie-Forum Information processing in semiconductor manufacturing, 21.5.1992, Stuttgart/Fraunhofer-Institut für Produktionstechnik und Automatisierung (Hrsg.). Stuttgart: 1992
VAR92	Varinelli, M.	Information technology in semiconductor manufacturing. In: IPA-Technologie-Forum Information processing in semiconductor manufacturing, 21.5.1992, Stuttgart/Fraunhofer-Institut für Produktionstechnik und Automatisierung (Hrsg.). Stuttgart: 1992
WAG92	Wagner, T.; Wässner, J.;	Kostengünstige Montage bei mittleren Losgrössen: High-Tech-Werkzeuge zum Fügen mit Industrierobotern. In: Technische Rundschau - TR Transfer 84 (1992) Nr. 39, S. 52-57
WAN92	Warner, M.	The use of IPFMS (integrated plantfloor management solutions) in world class manufacturing. In: IPA-Technologie-Forum Information processing in semiconductor manufacturing, 21.5.1992, Stuttgart/Fraunhofer-Institut für Produktionstechnik und Automatisierung (Hrsg.). Stuttgart: 1992
WAR91	Warnecke, H.-J.; Grau, R.; Weisener, T.	Organisationsstruktur ist wichtig: Montage kleiner und mittlerer Losgrössen. In: Schweizer Maschinenmarkt 91 (1991) Nr. 47, S. 24-33
WAR93	Warnecke, H.-J.	Der Produktionsbetrieb. 2. Aufl., Berlin, Springer-Verlag, 1993
WAR93B	Warnecke, H.-J.; Herzog, O.	Entwurf von Leitsystemen - Produktionstechnik im Reinraum. In: Werkstatttechnik 83 (1993), Nr. 2, S. 54-56
WER95	Werner, L.	Real-Time Statistical Process Control Application for ControlPRO. In: Real Times, Vol. 1 No. 1 (1995), S. 2-16
WHI95		Sensor Bus Technology: New Controls for the Semiconductor Industry. In: Control Visions, Issue 1 (1995), S. 3
WIEN87	Wiendahl, H.-P.	Belastungsorientierte Fertigungssteuerung. München, Hanser Verlag, 1987
WOH88	Wohnhas, S.; Sauter, K.-D.; Mack, A.	Reduction of Wafer Transfer for Optimizing Material Flow. In: Solid Sate Technologie, February 1988, S. 43 - 45
YOS94	Yoshida, H.	Merits And Demerits Of Automation. In: International Symposium on Semiconductor Manufacturing, 1994

ZUE95	Zuelch-G; Braun-W-J.	Regelbasierte Strukturierung in der manuellen Montage. Zeitschriftenaufsatz: Produktion und Management - wt, Band 85 (1995) Heft 1/2, Seite 41-46
ZVE93		Mikroelektronik in Europa: Broschüre Thesen zur Zukunftssicherung der europäischen Industriegesellschaft. Hrsg.: Fachverband Bauelemente der Elektronik im Zentralverband Elektrotechnik- und Elektronikindustrie e.V., 1993

Lebenslauf

Olaf Hans Herzog

geboren am 17.3.1963 in München

Vater: Hans Georg Herzog, Ingenieur
Mutter: Maria Herzog, Industriekauffrau

1969 - 1970   Grundschule Simmern/Westerwald

1970 - 1973   Grundschule Neufahrn b. Freising

1973 - 1982   Hofmiller Gymnasium Freising/Obb.

1982 - 1983   Zivildienst Rotes Kreuz Kreisverband Freising

1983 - 1989   Studium Maschinenwesen, Fachrichtung Fertigungstechnik
                an der TU München

1989 - 1995   Wissenschaftlicher Mitarbeiter am Fraunhofer Institut
                Produktionstechnik und Automatisierung (IPA), Stuttgart

1995 - 1996   Gruppenleiter am Fraunhofer Institut
                Produktionstechnik und Automatisierung (IPA), Stuttgart

1996 -   Equipment Integration Section Manager bei
                AMD Saxony Manufacturing GmbH, Austin, Texas